软欧面包
轻松做

子石 著

江苏凤凰科学技术出版社
南京

PREFACE
前言

　　这本书的诞生其实是个意外，前段时间，我邀请孩子的美术老师在工作室的墙上画面包，我在一旁烤面包，出炉后拿给两位老师品尝，他们尝了之后对我说，"你的面包做得又漂亮又好吃，为什么不写一本面包书呢？"当时我的脑海里闪过一个念头，"是啊，我可以有一本自己的面包书，以纪念这些年为了面包付出的爱、时间与坚持"。

　　很多人说做面包好难，明明按照同一个配方、同样的步骤流程，却做不出同样好吃的面包。这个问题让很多面包初学者一度困惑惆怅，最终停止了实践探索的脚步，把面包作为一种可食不可做的食品。其实要做出好吃的面包，除了要理解面团形成的原理、发酵原理、烘烤原理，把控好时间、温度、面团状态三要素以外，更重要的是要在制作过程中添加"热爱"，因为有热爱，才能感受到发酵带给你的惊喜，收获面包烘烤出炉时那一刻的美好。

　　我接触面包制作至今已经 9 年，面包成了我生活的重要组成部分。这些年我放弃了休假，远离喧嚣的外界，安静地做着自己的面包。这个过程更像是一种与自己的较量，看着平淡无奇的面粉经自己的手变成各式各样的面包，我曾经浮躁的心灵慢慢沉静下来，变得更加细腻，更懂得珍惜与感恩。

　　3 年前，软欧面包走进我的生活，这些粗犷又不乏颜值、柔软却不乏嚼劲的大块头，让我对面包燃起了新的兴趣，之后我近乎疯狂地去琢磨配方，软欧面包五颜六色的面团、各种口味的内馅，让我更加感叹面包制作的独特魅力。这两年，售卖软欧面包的面包店越来越多，我也接触到越来越多的面包经营者和爱好者，他们对于面包的热爱、投入和对品质的追求也深深地感动着我。而随着软欧面包的品种越来越多，各种脑洞大开的品种再次让很多朋友无所适从。写这本书其实就是想告诉大家，只要懂得面粉最朴实的内涵，面包的口感就会随心而变，每一个与面包结缘的人都对食物充满了爱，而有了这种爱，好吃的面包自然也不会远。

　　最后，我想感谢家人一直以来对我的支持，这些年除了工作和面包，陪伴他们的时间太少太少。感谢周哥、陈姐、娜姐对我的鼓励，在我最迷茫的时候，你们一直站在我身后。感谢高红、郑亚男、苑圆、王雨佳、鹿鸣、麒哥及琴琴烘焙教室在这本书的出版过程中给予我的支持和帮助，让我圆了自己一个梦。如果读者对书中的步骤存在疑问，或是有其他关于面包的心得，也欢迎通过微信的方式与我进行交流。

目录 CONTENTS

Chapter 1
面包制作理论基础

制作工具

烤箱

烘烤面包的工具。最好选择上、下火能分开的，带蒸汽石板的尤佳。烤箱的容积越大，烘烤温度越均匀。

发酵箱

控制发酵温度与湿度的机器，为面团提供一个稳定的发酵环境。

搅拌机（厨师机）

用于搅拌面团。不同的机器因功率、转速不同，搅拌面团的时间也不同。

玻璃器皿

制作面包前装取、称量材料的容器。

电子秤

用于称量材料、面团，家用的最好选用可以精确到0.1克的电子秤。

刮板

用于切拌混合材料、刮取附着容器内侧的粉糊、分割面团等。

温度计

测量面团温度的工具。

计时器

有利于制作面包过程中对各阶段时间的掌握控制。

硅胶刮刀

用于拌合材料或刮净附着在容器内壁上的材料，具有弹性高、耐高温等特点。

擀面杖

用于擀平碾压面团，或整形时排气使用。

电动搅拌器

用于材料搅拌或混合面糊，有手持和电动两种。

手持搅拌器

用于材料搅拌或混合面糊使用。

馅料匙

方便将馅料包入面团内。

裱花袋

填入内馅或在烘烤前装饰面包用。

粉筛

用于装饰面包，烘烤前在面团上筛粉。

毛刷

装饰面包涂抹牛奶、蛋液用。

割包刀

面包整形时在面团表面切划出漂亮的割纹。

剪刀

面包整形时在面团表面剪出开口。

烤盘

盛放面团、面包进入烤箱烘焙时使用。

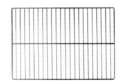

凉网

放置刚出炉面包使其降温使用。

防热手套

用于取出烘烤好的面包，起到隔热的作用。

制作材料

高筋粉

高筋粉是制作面包最主要的原料之一，其蛋白质含量一般为 11.5%~14.5%、灰分（矿物质）含量为 0.35%~0.45%。蛋白质含量越高，面粉的吸水性越高。在制作面包时，高筋粉与水糅合可以产生面筋，形成具有弹性的强韧组织，做出蓬松且富有弹性的面包。

低筋粉

低筋粉是制作面包的辅助原料，蛋白质含量一般为 6.5%~8.5%，灰分（矿物质）含量为 0.3%~0.4%。软欧面包制作中，在高筋粉中掺入一定比例的低筋粉，可以调节面筋的强度，使制作出的面包断口性更好。另外，低筋粉也是制作软欧面包内馅和装饰的主要原料。

法国粉

法国粉是制作法式面包的专用面粉，蛋白质含量一般为 11.0%~12.5%，灰分（矿物质）含量为 0.4%~0.65%。灰分含量越高，面粉的营养价值越高，但吸水性越差。在软欧面包制作中，法国粉通常与高筋粉混合使用，或制作成法式老面，用于提升软欧面包的风味与口感。

全麦粉

全麦粉是将整粒小麦粗磨之后制成的面粉，由于含有麦麸、胚乳、胚芽等，与普通面粉相比，全麦粉的矿物质含量更高。在制作面包时添加全麦粉，可以使成品保有小麦纯粹质朴的香气与味道。

水

水的作用主要是使面粉中的蛋白质与之结合形成面筋。制作面包时使用的水一般为自来水。考虑到不同地区水的味道和硬度，可以选用矿泉水。一定硬度的水，可以强化面团的弹性。软欧面团中糖、油、蛋、奶的比例较少，为了使烘烤后的面包柔软、保水性更好，要尽可能使面粉的吸水量达到最大。

酵　母

酵母是面包的灵魂，它与面团的发酵、膨胀有着密切的关系。酵母通过发酵产生二氧化碳、酒精、有机酸。其中，二氧化碳使面团不断膨胀，酒精和有机酸为面包增添一种特殊的风味。在制作面包时，酵母的使用量一般为 1%~2.5%，酵母的选用与配方中的糖的比例有一定的联系，一般而言，糖的含量在 7% 以下时选用耐低糖酵母，在 7% 以上时选用耐高糖酵母。市售的酵母一般有干酵母、鲜酵母，使用时可根据实际情况替换，替换比例为 1:3。因酵母存在于食物、果实的表面，也可以自己培养制作天然酵母，在制作软欧面包中使用天然酵母，可以使面包风味更为突出，老化更慢。

奶制品

奶制品是改善面包风味和主要食材之一。在制作软欧面包时，选用牛奶或脱脂奶粉均可。牛奶除了能使面包颜色更加鲜艳外，还能产生独特的香甜口感。奶粉易受潮结块，使用时一般与面粉、砂糖、盐等材料混匀后，再加入液体材料，使用比例一般不超过 3%。

麦芽精

麦芽精是将发芽的大麦煮后提取出麦芽糖经浓缩而制成的提取液，在制作软欧面包时，一般用于制作法式老面，主要作用是为酵母发酵提供营养来源，促进面团发酵，还能改善面团在烘烤时的颜色，添加量一般为 0.2%~0.5%。

黄　油

黄油是用牛奶加工而成的食用油脂，属于奶制品，含有丰富的维生素 A，能有效改善面包的色泽和味道，带来独特的口感和风味。另外，黄油还能够将面团中的面筋包裹起来，在面筋上形成一层薄薄的油膜，增强面团的延展性和可塑性。制作软欧面包时，黄油的使用量一般不超过 8%。

鸡蛋

在面包制作中，鸡蛋的作用很大。蛋黄可使面团变得光滑、细腻；而蛋白则可以使面包的支撑力更好。此外，蛋黄能够改善面团的风味、面包的造型和口感。此外，软欧面包制作中，揉制面团时一般较少用到鸡蛋，而在调制馅料或装饰材料时常会用到鸡蛋。

砂糖

糖在面包制作中，除了为面包增添甜味外，还有三个方面的作用：一是为酵母提供养分，加快酵母发酵的速度；二是增加面包的保水性，使烘烤后的面包老化更慢；三是在烘烤过程中，发生焦糖化反应，给面包表面上色。制作软欧面包时，糖的使用量一般不超过10%。

盐

盐在面包制作中，除了可以增加面包风味外，最主要的功效是使面筋更加紧实，弹性更强。除此之外，盐还有抑菌功能，在面团发酵过程中可抑制杂菌的生长，避免发酵过快而影响面包的风味和口感。在制作软欧面包中，盐的使用量一般为1%~2.5%，如果对盐的咸度和风味有特殊要求，可以选用海盐或岩盐。

拌入面团材料

制作软欧面包时，拌入面团的材料可以为面包增添风味，改善口感。拌入面团的材料一般包括：干粉或液体类材料、坚果类材料和果干类材料三大类。

干粉或液体类材料

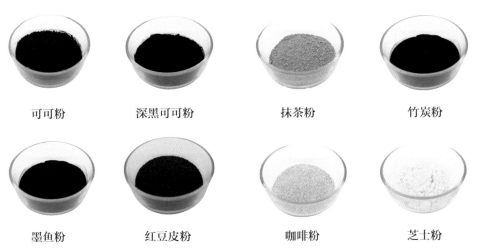

可可粉　　深黑可可粉　　抹茶粉　　竹炭粉

墨鱼粉　　红豆皮粉　　咖啡粉　　芝士粉

红茶末

蜂蜜

红酒

果茸

— 坚果类材料 —

核桃仁

榛子仁

松子仁

白芝麻

黑芝麻

亚麻籽

— 果干类材料 —

蔓越莓干

葡萄干

蓝莓干

橙皮丁

无花果干

芒果干

荔枝干

香蕉干

内馅是软欧面包的主要特点之一，可以使面包的层次感和风味更加突出。常用的内馅材料包括：芝士类、巧克力、果酱、肉类等。内馅材料一般以熟食为主，也可以根据自己口味进行调制。需要注意的是，内馅材料水分不能太大，以免在烘烤时出现面包体爆开的情况。

奶酪馅　　　　　奶酥馅　　　　　芒果馅　　　　　杏仁酱

巧克力酱　　　黑糖麻薯馅　　　芋泥馅　　　　　榴莲馅

紫米馅　　　　　南瓜馅　　　　　红豆馅　　　　　培根馅

─── ◇◇◇◇◇ ───
装 饰 材 料
─── ◇◇◇◇◇ ───

装饰材料可以使软欧面包呈现出不同样式的造型，使面包更诱人。装饰材料主要包括：粉类、酱类、酥粒类、芝士类、杂粮类等，不同装饰材料的装饰时间的选取存在差异，主要分为整形后装饰、最后发酵后装饰、烘烤后装饰三个节点，可以根据不同软欧面包的特点，选择不同的时间节点进行装饰。

粉　类

高筋粉　　　　　　　　黑裸麦粉　　　　　　　　糖粉

酱　类

墨西哥酱　　　　　　可可墨西哥酱　　　　　抹茶墨西哥酱

酥粒类

酥菠萝　　　　　　巧克力酥菠萝　　　　　抹茶酥菠萝

芝士类

芝士粉　　　　　　黄金芝士粉　　　　　　马苏里拉芝士

杂粮类

白芝麻　　　　　　　黑芝麻　　　　　　　南瓜子仁

葵花子仁　　　　　　花生碎末　　　　　　小麦胚芽

制作流程

1. 材料称量

制作软欧面包不论是干性材料还是湿性材料，都应按照配方的标准，使用之前进行称量。

2. 干性材料混合

面粉、砂糖、盐、奶粉等干性材料要事先在搅拌缸中搅拌均匀。

3. 水及面团添加物的准备

（1）调整水温

温度对于面粉的吸水性能、面筋的形成、发酵状态的影响较大。一般来说，软欧面团搅打好的温度需控制在 25~26℃，这就要求根据不同的环境，通过一定的方法控制好面温。实际操作中，最常用控制面温的方法是通过调节搅拌面团的水温，使搅拌后的面团达到理想温度。水温计算公式：

水温 =3×（搅拌后面团的理想温度 − 搅拌摩擦升温）−（面粉温度 + 室温）

用这一公式求出的水温只是一个大体的标准。实际操作时根据不同搅拌机和面粉的种类、用量等的不同，面团的搅拌温度也会存在一定的差异。建议实际操作过程中，积累经验，总结规律，就可以把握好温度了。

（2）调整用水

不同的温度、湿度，以及面粉种类的不同会使搅拌的面团呈现出不同的状态。因此最开始搅打面团时，不要将配方中的水全部加入到搅拌机中搅打，要预留 5% 左右的水，在搅打过程中结合面团的状态添加调整。在实际操作中，如将调整用水全部加入后面团仍然比较硬，这时候可以结合实际情况额外再添加一定量的水。

（3）软化黄油

软欧面团搅打时，一般采用后油法，所以在搅拌面团前，要提前将黄油从冰箱中取出，在室温下软化至适当的硬度，以便后期缩短面团搅打的时间，使搅打好的面团达到理想状态。

（4）拌入面团材料的准备

不同的材料拌入软欧面团的时机存在一定的差别，加入时机主要包括搅拌初期和搅拌后期两个时间节点。干性材料或湿性材料一般在搅拌初期拌入。需要注意的是，在使用红茶末、咖啡粉等材料拌入面团时，最好提前用配方中的一部分水煮沸后，冲泡出香味，晾凉后再拌入面团中，以增加面团的香气。

坚果类、果干类材料一般在搅拌后期拌入。拌入面团的坚果类材料要提前烤熟，这样风味更加突出。果干类的材料最好提前 12 小时使用 10%~15% 口味或颜色相近的果酒浸泡，使果干充分吸收水分提升风味。常用的浸泡用酒包括：朗姆酒、葡萄酒、白兰地、起泡酒等。拌入面团的材料可以根据自己的喜好确定搭配，但要注意使用量，面团中拌入过高比例的坚果或果干，会造成面筋连接松散，使面包成品口感变差。

搅 拌

搅拌的作用在于均匀混合材料，将空气拌入面团中，使面团产生面筋结构，增加面筋强度，以便面团的膨胀。

1. 搅拌速度调节

用搅拌机搅拌面团时，一般采用低速—高速—低速—高速的节奏进行，在材料混匀、搅打初期、后期拌入材料时，要注意使用低速，一方面便于面团与材料的均匀混合，另一方面在低速时间内进行材料的混合，可以尽可能使面粉与水充分水解产生初步面筋，以减少高速搅打的时间，控制好面温。

2. 调整水加入的时机

调整水一般在面团搅拌完成之前加入到面团中，在实际操作中调整水要尽早加到面团中，这样会有利于搅拌完成后，所有的水能完全均匀地融入面团中。

3. 面团搅拌状态的判断

随着搅拌过程中面筋的形成、增强，面团呈现出拌匀、拾起、卷起、扩展、完全五个阶段，黄油的加入时机一般选择在面团形成一定的面筋组织时（近扩展阶段时）加入。软欧面团一般要搅拌至完全阶段（通过拉扯面团能够形成均匀结实的面膜）。在面团搅拌后期，要尽可能反复确认面团的搅拌状态，以免面团搅拌过度。如搅拌过度，面筋组织将受到一定的破坏，面团的延展性会变得很强，但会失去弹性，将无法烘烤出饱满有弹性的软欧面包。

4. 搅拌后面团的整理

为提高从搅拌机取出面团的保气能力，要将面团表面整理成较为光滑的状态，以减少发酵过程中产生的气体的逸出。整理好的面团，在基础发酵后期，也会便于发酵状态的判断。

5. 搅拌好面团的温度

因搅拌面温受到室温、水温、粉温和搅拌机器等多种因素的影响，所以在实际操作过程中，要灵活使用适宜的水温，及选用浸泡法、后盐法等合适的搅拌方法，使搅拌好的面团温度达到软欧面团最佳的出缸温度25~26℃。

基 础 发 酵

面团进行基础发酵的目的是让酵母产生二氧化碳使面团膨胀，生成酒精、有机酸等香味成分，为面包增添风味。面团搅拌完成后即进入基础发酵阶段，好吃的软欧面包，必须经过充分且良好的基础发酵，要达到这个目标，就必须控制好面团的发酵状态。

1. 基础发酵的温度与湿度

软欧面团的基础发酵通常在温度为26~28℃，湿度为75%~78%的环境下进行。在实际操作中，如面团出缸温度较高，要尽可能降低基础发酵温度；如面团出缸温度较低，要尽可能提高基础发酵温度，避免基础发酵过快，影响面团的状态。湿度对发酵的影响也很大。湿度太高，面团表面的水汽较多，会压制面团的膨胀；湿度太低，面团表面会形成一层硬壳，使面团无法膨胀，为了使面团达到良好的发酵状态，湿度的把控也尤为重要。

2. 基础发酵的时间

影响面团的基础发酵时间的因素主要包括：

面团出缸温度、基础发酵的温度、面团中老面添加比例。在面团出缸温度和基础发酵温度、湿度适合的情况下，软欧面团的发酵时间大约在 1 个小时。面团出缸温度越高、发酵温度越高、老面添加比例越高，基础发酵时间越短；反之，基础发酵时间就越长。

3. 基础发酵状态的判断

将食指沾粉插入发酵好的面团中，根据手指拔出后留在面团上的痕迹确认面团的发酵程度。如手指留下的痕迹一直保持原样，就是适度发酵的状态；如拔出手指后，面团慢慢恢复原状或手指留下的痕迹渐渐变小说明发酵不够；如手指拔出后，周围的面团发生塌陷说明发酵过度。在软欧面包制作中，有时也会用指腹按压面团的方法确认面团的发酵状态，具体方法是：用手指指腹轻轻按压面团，按压后面团上会留下指腹的痕迹且面团呈现较为松软的状态，则说明发酵适度。

4. 取出基础发酵好的面团

将基础发酵好的面团从发酵盘中取出时，要尽可能减少对面团的按压，只需将发酵盘倒扣，利用面团自身重力，将其取出。如面团黏在发酵盘上用刮板将其刮出即可。

分　割

基础发酵好的面团，按照预定的重量进行分割，用刮板分成若干小块。分割过程中要尽可能减少分割次数，为了保证每个面团的分割重量相等，可以采取"先分条、再分块"的方法，这样可以使每个分割好的面团都分成差不多大小的方块形，为进行接下来的步骤提供方便。软欧面包的分割面团重量一般都在 200 克以上，在实际操作中，可根据实际情况，对分割面团的大小进行调整。

预 整 形

将分割好的面团用合适的手法团在一起，便于接下来的整形。

1. 预整形的手法

软欧面团中柔性材料较少，且面团分割重量较大，这就要求预整形时手法要正确，力度要轻柔适中，过重的手法会伤及面筋，影响面团的保气性和面包的膨胀率。为了保证每个预整形面团在接下来的状态同步一致，预整形时手法要快，次数要少，这在操作多个面团时尤为重要。

2. 预整形的形状

预整形的形状要根据面团最终的整形形状来确定。通常，软欧面包有 6 种基本整形形状，包括：圆形、三角形、方形、橄榄形、枕形、长棍形，市售软欧面包的绝大部分形状都是由这 6 种基本形状直接或间接得来。6 种基本整形形状中，除了长棍形的面包预整形成短棍形外，其他 5 种基本整形形状，预整形成圆形即可。

3. 预整形好的面团标准

不同的操作者有自己习惯的整形手法，但预整形好的面团都要达到三个标准：一是面团的 2/3 发酵气体要排出，二是面团分割切口要尽可能团在预整形好的面团里，三是预整形后的面团表面要光滑紧绷。

松弛

预整形后的面团面筋再次收紧，为方便面团最终整形操作，要将预整形好的面团摆放在发酵盘上，置于和基础发酵同样的环境下（温度 26~28℃，湿度 75%~78%）进行松弛，这个过程也叫中间发酵。软欧面团的松弛时间一般为 15~30 分钟，根据不同面团的含水量和预整形时的手法力度，松弛时间会有差异。轻按面团如能留下手指痕迹，即代表面团已松弛好。

整形

整形就是将松弛好的面团整理成面包的过程。整形的目的除了可以塑造出面包最终的形状外，还可以通过整形时的排气折压，让面团重新发酵产气，重塑面筋，形成面包所需的组织与气孔。根据软欧面包最终成型的不同样子，整形的手法也不尽相同，基本手法是，用手按压面团，排出面团中的气体，使面团达到一定的直径或长宽度，然后将面团翻面，通过折、叠、卷、压、搓的手法，使面包成型。面团中如有馅料，可通过铺、抹、挤的方法将馅料均匀填入包好，捏紧收口。整形好的面团表面要光滑绷紧、形状要均匀，放置在烤盘上，每个面团之间要均等地预留出最后发酵膨胀的空间。

最后发酵

整形之后，面团进入最后发酵阶段，最后发酵的目的在于使整形过程中流失气体的面团，再度膨胀成漂亮饱满的形状。为了使烘烤出的面包口感更好、组织更均匀，软欧面团最后发酵温度一般不宜太高，建议设定在 30~32℃，湿度保持在 78%~80%，根据不同的面团及发酵环境，发酵时间一般在 30~60 分钟。判断最后发酵程度的方法：在面团侧面靠底处用指腹轻按，如能缓慢回弹且能留下手指痕迹，即代表面团最后发酵适度。如不能回弹则代表最后发酵过度，如回弹速度较快且手指痕迹恢复原位，则代表最后发酵不够。

装饰烘烤

装饰是软欧面包的典型特点，最后发酵好的面团使用装饰材料通过割、剪、挤、撒、沾等方式进行装饰，除了提升面包颜值外，还可以使烘烤后的面包口感风味更佳。软欧面包的烘烤温度一般为：上火 210~230℃，下火 190~200℃。烘烤时间为 12~15 分钟。烘烤前，要注意提前预热好烤炉。一般的家用烤箱和商用烤箱都可以烤制软欧面包。为了使烘烤出的软欧面包膨胀率更大、水分流失更少，表皮脆嫩漂亮，最好使用带蒸汽石板的烤箱，用这样的烤箱烤软欧面包时，在装饰好的面团送到炉膛后，打 2~5 秒蒸汽即可达到较好的烤制效果。烘烤出炉的面包，要及时转移至凉网上，让多余的水汽散发。

制作方法

制作出好吃的软欧面包,用对制作方法很重要。以下制作方法,每种都各具特色,了解基本原理,根据面包特点和操作环境选择适合的方法,就可以制作出不同口感的软欧面包。

预发酵法

预发酵法是指在面团进行搅拌之前,将配方中一部分材料搅拌后进行发酵,使其产气、熟成、产生面筋,接着再将这个预发酵好的面团加入主面团搅拌,进行后续的面包制作过程。使用预发酵方式制作面包,可以有效缩短面团搅拌时间和发酵时间,软化面筋,增加面团保湿效果,提升面包香气,延缓面包老化。常用的预发酵面种主要包括中种、液种、法国老面、天然酵种等,这些预发酵面种制作配方和方法不同,呈现出的风味也不同。在软欧面包制作中,可根据自己想要表现出面包的风味选择某个预发酵面种,也可将几个发酵面种混合使用,创造出千变万化的面种风味,为了更容易把控主面团搅拌与发酵,建议添加在主面团的预发酵面种尽量不超过配方面粉重量的30%。

水合法

水合法又称水解法,是指在搅拌面团时,先糅合配方材料中的粉类、水,成团后放置一段时间,再添加酵母、盐等其他配方材料直至搅拌完成。使用水合法,面粉在水合阶段充分吸收水分,使面团形成一定面筋组织,可有效控制因搅拌引起的面团升温,缩短搅拌时间,提升面团的保水性。软欧面团的含水量较高,水合法是一个非常不错的选择。

隔夜冷藏法

隔夜冷藏法的原理是通过降低温度,使面团在低温环境下进行长时间缓慢发酵,酝酿出丰富的发酵成分,增加面包风味与香气。这种方法能够有效管理软欧面包发酵时间,提升面包制作效率。

液 种

液种,又称波兰酵种,是指将配方材料中高筋粉与水按照1:1的比例搅拌在一起,然后加入0.5%~1%的酵母,混合成糊状面团,经过低温长时间发酵而成。使用液种制作软欧面包,可以增加面团的延展性,使面团的造型能力更强,还可以有效延缓面包老化速度、提升面包风味。

发酵好的液种面团表面布满气泡,拉开之后里面是拉丝的状态。

常用酵种

波兰酵种

材料：高筋粉 100 克、水 100 克、耐低糖酵母 0.5 克。

制作方法：高筋粉与耐低糖酵母混合拌匀，加入水搅拌均匀，盖保鲜膜，放室温下 1~2 小时后，转冰箱冷藏 12~15 小时。

酸奶酵种

材料：高筋粉 100 克、水 75 克、酸奶 25 克、耐低糖酵母 0.5 克。

制作方法：高筋粉与耐低糖酵母混合拌匀，加入水、酸奶搅拌均匀，盖保鲜膜，放室温下 1~2 小时后，转冰箱冷藏 12~15 小时。

法 式 老 面

法式老面，是指用制作法式面包的四大基础原料（面粉、水、酵母、盐）按一定比例搅拌制作出来的面团，经过低温长时间发酵而成。法式老面具有稳定的发酵力、发酵风味。在制作软欧面包时，添加一定量的法式老面，可以在搅拌阶段加速面团熟成，增强面团发酵耐力，增加面包的膨胀体积，延缓面包老化。

材料：法国面粉（T65）250克、水170克、盐5克、耐低糖酵母1.25克、麦芽精1.25克。

制作方法：法国面粉、酵母、麦芽精与水放入搅拌缸中，低速搅拌4分钟，放入盐，继续中速搅拌5分钟，至面团有一定筋度，温度24℃左右，将面团取出置入容器中，盖保鲜膜，放室温下1~2小时后，转冰箱冷藏12~15小时。

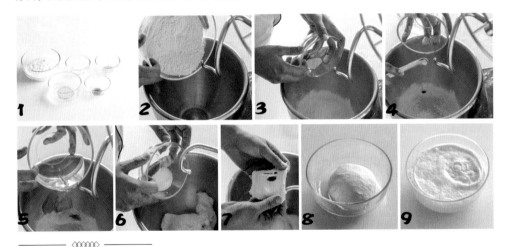

天 然 酵 种

天然酵种是以覆盖于谷物、果蔬上的天然酵母菌，培养成天然酵母菌液，再在菌液中加入一定量的面粉发酵而成的面种。添加天然酵种的软欧面包，组织更加松软稳定，膨胀体积更大，老化更慢、保质期更长。因葡萄干培养出的天然酵母菌液产气能力较好，所以常选用葡萄干来培养天然酵母。

1. 葡萄酵母菌液

材料：葡萄干（无油无防腐剂）100克、白开水（35℃）200克、砂糖50克。

制作方法：

①将玻璃瓶和搅拌棒用沸水煮过消毒，晾干。

②砂糖加水搅拌均匀，加入葡萄干，盖紧瓶盖。

③将玻璃瓶放置在26~28℃的室温环境下，静置5~7天。

④静置期间，每天轻轻摇晃瓶子，然后打开瓶盖，换入新鲜空气。

第1~2天：葡萄干开始软化膨胀。

第3天：容器内开始产生白色气泡，液体开始浑浊。

第 4 天：开始产生酒精气味，液体表面气泡增多，葡萄干开始浮起。

第 5~6 天：液体表面的气泡越来越多，葡萄干全部离底浮起，并散发出浓浓的酒香味。

第 7 天：将培养好的葡萄酵母菌液过滤出来备用。

2. 葡萄酵母酵种

材料：高筋粉 200 克、葡萄菌液 200 克。

制作方法：

①将高筋粉倒入装有葡萄酵母菌液的玻璃瓶中。

②用搅拌棒搅拌均匀。

③盖好瓶盖，将面糊放置在 26~28℃的室温环境下，静置 3~4 小时，然后移入温度为 4℃的
冰箱冷藏 12~15 小时，待面团涨至 2~3 倍大，即可使用。

④每次取用后剩余的葡萄酵种，添加酵种一半量的高筋粉和水，继续喂养，以此循环，就能一
直使用下去。

烫 种

烫种是利用热水烫面，使面粉中的淀粉糊化。制作软欧面包时，添加一定量的烫种，可以增加面团的含水量，使面包更加柔软湿润、弹性大，减缓老化速度。

材料：高筋粉 100 克、砂糖 10 克、盐 1 克、95℃ 的热水 100 克。

制作方法：高筋粉、砂糖、盐混合拌匀，倒入热水搅拌均匀。搅拌完成的烫种温度在 65℃ 左右，温度过低会影响面粉糊化，温度太高会导致面团过黏，影响面团的膨胀力。烫种制作完成冷却后，冷藏备用。烫种最好在 3 天内使用完毕，保存时间太久，会发生变质。制作软欧面包，烫种的添加量一般不超过 20%，添加量过多，会影响面团中面筋的形成。

Chapter 2
面包制作指南

火龙乳酪

3个

制作流程

制作流程：

面团搅拌—基础发酵—分割—预整形—松弛—整形—最后发酵—装饰—烘烤

面团搅拌时间：低速 4 分钟—高速 10 分钟—低速 3 分钟—低速 1 分钟

面团出缸温度：25~26℃

基础发酵：温度 28℃，湿度 75%，40 分钟

面团分割重量：240 克 / 个

松弛时间：15 分钟

整形形状：长棍形

最后发酵：温度 30℃，湿度 78%，45 分钟

装饰方法：撒粉，剪包

烘烤：上火 200℃，下火 190℃，13 分钟

材料准备

面团材料准备：

A. 高筋粉 318 克、砂糖 24 克、盐 4.8 克、
酵母 4 克、牛奶 42 克、红心火龙果泥
174 克

B. 波兰酵种 84 克

C. 黄油 24 克

D. 酒渍蔓越莓干 60 克

馅料材料准备：

奶油奶酪 180 克、砂糖 30 克

步骤 Steps

面团搅拌
基础发酵

1. 将 A 所有材料放入搅拌缸中，开始以低速搅拌均匀。

2. 加入 B 材料，继续以低速搅拌约 4 分钟后，转为高速再搅拌约 10 分钟。

3. 取少许面团拉开，至面团有薄膜且破洞处呈锯齿状（扩展状态）。

4. 加入 C 材料，以低速搅拌约 3 分钟。

5. 取少许面团拉开，至面团有薄膜且破洞处呈圆滑状（完全状态）。

6. 加入 D 材料，以低速搅拌约 1 分钟至均匀。

7. 将面团从搅拌缸中取出，此时，面团中心温度为 25~26℃。将面团放入设定温
   度 28℃、湿度 75% 的发酵箱中，进行基础发酵约 40 分钟。

8. 基础发酵完成的面团，为发酵前面团的 2 倍大小（用食指沾干粉在面团中间戳洞，
   洞口不回缩也不塌陷）。

分　割
预整形

 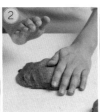  

1. 将面团分割成 240 克的等量面团。

2. 分割好的面团正面向上，手掌成弧形，将面团拍平至 2/3 气体排出。

3. 将面团翻面，双手将拍平的面团顺着靠近身体一侧推起。

4. 边推边收，至面团全部卷起。将推卷起的面团收至表面绷紧，预整形完成。

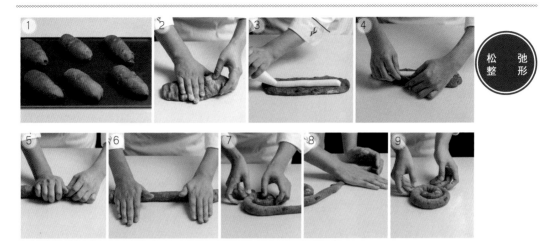

松弛整形

1. 将预整形好的面团放置在温度 28℃、湿度 75% 的环境下松弛约 15 分钟。

2. 取出松弛好的面团，光滑面朝上，用手轻拍成扁长条状。

3. 将拍平的面团翻面，光滑面朝下，在面团 1/3 位置用裱花袋挤上奶酪馅。

4~5. 左手从右至左拉起面团，将奶酪馅包入面团中，同时用右手手掌将收口压紧。

6. 双手将面团搓长至 56 厘米。

7~9. 将接口朝下从一端轻轻盘起（不要盘得太紧），将另一端搓细后压在盘起的面团底部。

内馅制作：奶油奶酪室温软化后加入砂糖。用刮刀将奶油奶酪、砂糖拌匀后装入裱花袋中。

最后发酵装饰烘烤

1. 将整形好的面团放置在温度 30℃、湿度 78% 的环境下最后发酵约 45 分钟。

2. 发酵完成的面团为发酵前面团的 1.7~1.8 倍大小（轻触面团有轻微回弹即发酵完成）。

3. 使用网筛，将高筋粉均匀撒在面团上。

4~5. 持剪刀与面团成 45° 方向，从面团中心开始依次向外圈剪口，剪口 8~9 个。

6. 以上火 200℃，下火 190℃预热烤箱，将装饰好的面团放入烤箱，烘烤约 13 分钟。
待面包烘烤完成后，随即移至网架上冷却。（注：因花青素不稳定，容易氧化，火龙乳酪会变粉色。）

伯爵奶酥

<>>>>>>

/ 4 个

制作流程

制作流程：

面团搅拌—基础发酵—分割—预整形—松弛—初次整形—冷藏松弛—二次整形—最后发酵—装饰—烘烤

面团搅拌时间：低速 4 分钟—高速 10 分钟

面团出缸温度：25~26℃

基础发酵：温度 28℃，湿度 75%，50 分钟

面团分割重量：250 克 / 个

松弛时间：20 分钟

整形形状：长棍形

冷藏松弛时间：20 分钟

二次整形形状：麻花形

最后发酵：温度 30℃，湿度 78%，45 分钟

装饰方法：刷蛋液，撒杏仁片

烘烤：上火 220℃，下火 190℃，14 分钟

材料准备

面团材料准备：

A. 红茶 5 克、热水 140 克

B. 高筋粉 500 克、砂糖 30 克、盐 10 克、
   酵母 7 克、水 200 克

C. 法式老面 100 克、烫种 50 克

馅料及装饰材料准备：

黄油 105 克、糖粉 72 克、鸡蛋 72 克、
奶粉 150 克、生杏仁片若干

步骤 Steps

面团搅拌 基础发酵

1. 将 A 材料混匀，煮沸晾凉备用。将 B 材料放入搅拌缸中，加入晾凉的 A 材料，开始以低速搅拌均匀。

2. 加入 C 材料，继续以低速搅拌约 4 分钟后，转为高速再搅拌约 10 分钟。

3. 取少许面团拉开，至面团有薄膜且破洞处呈圆滑状（完全状态）。

4. 将面团从搅拌缸中取出，面团中心温度为 25~26℃。将面团放入设定温度 28℃、湿度 75% 的发酵箱中，进行基础发酵约 50 分钟。

5. 基础发酵完成的面团，为发酵前面团的 2 倍大小（用食指沾干粉在面团中间戳洞，洞口不回缩也不塌陷）。

分　割 预整形

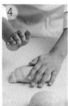

1. 将面团分割成 250 克的等量面团。

2. 分割好的面团光滑面向上，手掌成弧形，将面团拍平至 2/3 气体排出。

3. 将面团翻面，双手将拍平的面团顺着靠近身体一侧推起。边推边收，至面团全部卷起。

4. 推卷起的面团光滑面向上，双手轻拍面团。

5. 面团旋转 90°，顺着靠近身体一侧再次推卷起。

6. 推卷起的面团收至表面绷紧，预整形完成。

松　弛 初次整形

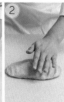

1. 将预整形好的面团放置在温度 28℃、湿度 75% 的环境下松弛约 20 分钟。

2. 取松弛好的面团，光滑面朝上，用手轻拍成扁长条状。

3~4. 用擀面杖将面团擀开成宽 23 厘米的面皮。将面皮翻面，整理成长方形。

5. 将奶酥馅均匀地抹在擀好的面皮上，距左右两边 1 厘米和靠近身体一侧底边 2 厘米不抹奶酥。

6. 双手将抹好奶酥的面皮卷起，收好收口，初次整形完成。

内馅制作：黄油室温软化，置于搅拌碗中。加入糖粉，用刮刀搅拌均匀，然后加入鸡蛋用手持搅拌器搅拌均匀。再加入奶粉，用刮刀搅拌匀即可。

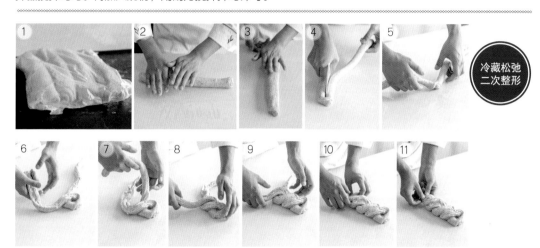

冷藏松弛
二次整形

1. 将初次整形完成后的面团放入保鲜袋中，置于冰箱冷藏松弛约 20 分钟。

2. 将面团从冷藏室取出，双手搓长至 38 厘米。

3. 将面团接口朝下旋转 90°，用手压扁。

4. 距离顶端 1 厘米，用刮板将压扁的面团对切开。

5. 将对切开的面团有奶酥的一面朝上放置。

6~10. 双手持切开的面团一端，交替打麻花结，注意每次的结不能打得太紧。

11. 捏紧收口，将面团整理均匀，二次整形完成。

最后发酵
装　饰
烘　烤

1. 将二次整形好的面团放置在温度 30℃、湿度 78% 的环境下最后发酵约 45 分钟。最后发酵完成的面团，为发酵前面团的 1.7~1.8 倍大小。

2. 用刷子将蛋液均匀地刷在最后发酵好的面团上。

3. 在每个面团上撒一层杏仁片。

4~5. 以上火 220℃，下火 190℃预热烤箱，将装饰好的面团放入烤箱，烘烤约 14 分钟。待面包烘烤完成后，随即移至网架上冷却。

杂粮奶酪

4 个

制作流程

制作流程：

面团搅拌—基础发酵—分割—预整形—松弛—整形—装饰—最后发酵—烘烤

面团搅拌时间：低速 4 分钟—高速 8 分钟—低速 3 分钟

面团出缸温度：25~26℃

基础发酵：温度 28℃，湿度 75%，45 分钟

面团分割重量：235 克 / 个

松弛时间：15 分钟

整形形状：枕形

装饰方法：刷蛋液，沾混合杂粮粒

最后发酵：温度 30℃，湿度 78%，50 分钟

烘烤：上火 210℃，下火 190℃，14 分钟

材料准备

面团材料准备：

A. 高筋粉 425 克、杂粮预拌粉 75 克、
   砂糖 30 克、盐 7.5 克、酵母 7 克、
   蜂蜜 25 克、水 300 克

B. 法式老面 50 克

C. 黄油 30 克

馅料材料准备：

奶油奶酪 220 克、糖粉 40 克、菠萝片 150 克

装饰材料准备：

南瓜子 50 克、葵花子仁 50 克、
白芝麻 80 克、黑芝麻 80 克

步骤 Steps

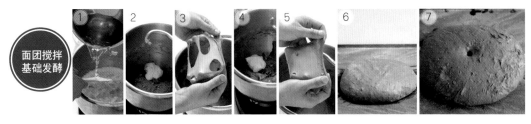

1. 将所有 A 材料放入搅拌缸中，开始以低速搅拌均匀。

2. 加入 B 材料，继续以低速搅拌约 4 分钟后，转为高速再搅拌约 8 分钟。

3. 取少许面团拉开，至面团有薄膜且破洞处呈锯齿状（扩展状态）。

4. 加入 C 材料，以低速搅拌约 3 分钟。

5. 取少许面团拉开，至面团有薄膜且破洞处呈圆滑状（完全状态）。

6. 将面团从搅拌缸中取出，此时，面团中心温度为 25~26℃。将面团放入设定温度
   28℃、湿度 75% 的发酵箱中，进行基础发酵约 45 分钟。

7. 基础发酵完成的面团，为发酵前面团的 2 倍大小（用食指沾干粉在面团中间戳洞，洞
   口不回缩也不塌陷）。

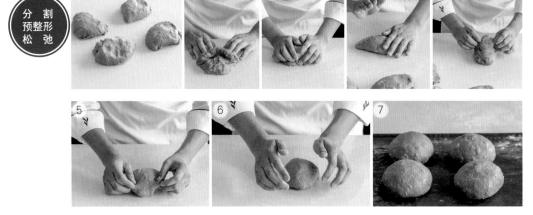

1. 将面团分割成 235 克的等量面团。

2. 分割好的面团正面向上，手掌成弧形，将面团拍平至 2/3 气体排出，将面团翻面，双
   手将拍平的面团顺着靠近身体一侧推起。

3. 边推边收，至面团全部卷起。

4. 推卷起的面团正面向上，双手轻拍面团。

5. 面团旋转 90°，顺着靠近身体一侧再次推卷起。

6. 推卷起的面团收至表面绷紧，预整形完成。

7. 将预整形好的面团放置在温度 28℃、湿度 75% 的环境下松弛约 15 分钟。

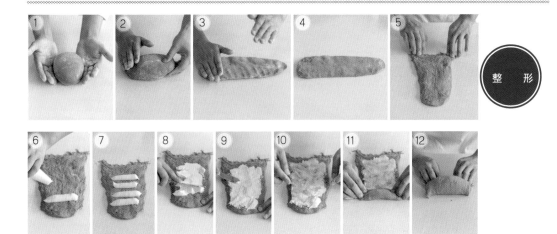

整 形

1. 取松弛好的面团，光滑面朝上，用双手从侧面将面团收成椭圆形。

2. 将面团从一端至另一端，压扁成长条状。

3~4. 轻拍面团，将面团整理成宽 12 厘米的长方形面皮。

5. 翻面，旋转 90°，处理好收口。

6~9. 在面皮上挤 4~5 条奶酪馅，用馅料匙抹匀。

10. 将切好的菠萝丁，均匀地铺撒在抹好奶酪馅的面皮上。

11~12. 双手将铺好馅料的面皮卷起，压紧收口，完成整形。

馅料 1 制作：奶油奶酪室温软化后加入糖粉。用刮刀将奶油奶酪与糖粉拌匀后，装入裱花袋中。

馅料 2 制作：菠萝片放在烤盘上，以上火 170℃，下火 170℃，烘烤约 40 分钟至水分稍干，切丁备用。

装　饰
最后发酵
烘　　烤

1. 用刷子将蛋液均匀地刷在完成整形的面团上。

2~3. 托起面团，倒扣在混合杂粮盘中，双手抓住底部收口，来回滚动，使混合杂粮均匀地沾在面团上，完成装饰。

4. 将装饰好的面团放置在温度 30℃、湿度 78% 的环境下最后发酵约 50 分钟。

5. 最后发酵完成的面团，为发酵前面团的 1.7~1.8 倍大小（轻触面团，面团能有轻微回弹即表示发酵完成）。

6. 以上火 210℃，下火 190℃ 预热烤箱，将完成最后发酵的面团放入烤箱，烘烤约 14 分钟。待面包烘烤完成后，随即移至网架上冷却。

青涩花蕾

/ 6个

制作流程

制作流程：

面团搅拌—基础发酵—分割—预整形—松弛—整形—最后发酵—装饰—烘烤

面团搅拌时间：低速 4 分钟—高速 10 分钟—低速 3 分钟—低速 3 分钟

面团出缸温度：25~26℃

基础发酵：温度 28℃，湿度 75%，50 分钟

面团分割重量：外皮面团 50 克 / 个，内面团 140 克 / 个

松弛时间：15 分钟

整形形状：圆形

最后发酵：温度 30℃，湿度 78%，50 分钟

装饰方法：撒粉，割包

烘烤：上火 210℃，下火 190℃，13 分钟

材料准备

面团材料准备：

A. 高筋粉 400 克、全麦粉 150 克、砂糖 60 克、
   盐 10.8 克、酵母 6.4 克、水 340 克

B. 波兰酵种 100 克

C. 黄油 30 克

D. 抹茶粉 12 克、水 20 克

E. 酒渍蔓越莓干 60 克

馅料材料准备：

蜜红豆 200 克、奶油奶酪 150 克、牛奶 40 克

步骤 Steps

面团搅拌 基础发酵

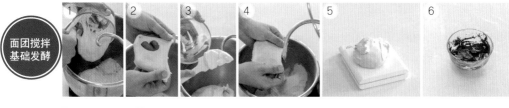

1. 将所有 A 材料放入搅拌缸中，开始以低速搅拌均匀。加入 B 材料，继续以低速搅拌约 4 分钟后，转为高速再搅拌约 10 分钟。

2. 取少许面团拉开，至面团有薄膜且破洞处呈锯齿状（扩展状态）。

3. 加入 C 材料，以低速搅拌约 3 分钟。

4. 取少许面团拉开，至面团有薄膜且破洞处呈圆滑状（完全状态）。

5. 称出外皮面团 300 克。

6. 将 D 材料拌匀成泥状。

7. 拌匀后的 D 材料放入搅拌缸中，低速搅拌约 3 分钟至拌匀。

8. 将 E 材料放入搅拌缸中。

9. 将内面团从搅拌缸中取出，此时，面团中心温度为 25~26℃。将外皮面团和内面团放入设定温度 28℃、湿度 75% 的发酵箱中，进行基础发酵约 50 分钟。

10. 基础发酵完成的面团，为发酵前面团的 2 倍大小（用食指沾干粉在面团中间戳洞，洞口不回缩也不塌陷）。

分　割 预整形

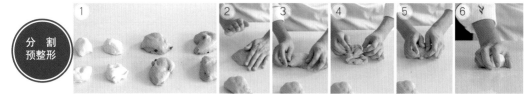

1. 将外皮面团分割成 50 克的等量面团，内面团分割成 140 克的等量面团。

2. 分割好的内面团光滑面向上，手掌成弧形，将面团拍平至 2/3 气体排出。

3. 翻面，双手将拍平的面团顺着靠近身体一侧推起。

4. 面团旋转 90°，顺着靠近身体一侧再次推卷起。

5. 推卷起的面团收至表面绷紧，内面团预整形完成。

6. 分割好的外皮面团光滑面向上，单手滚圆，外皮面团预整形完成。

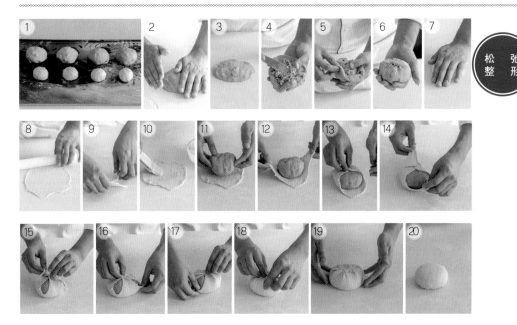

1. 将预整形好的面团放置在温度 28℃、湿度 75% 的环境下松弛约 15 分钟。

2~3. 取松弛好的内面团，光滑面朝上，用双手拍压成扁平状。

4~5. 在扁平状的内面团上放入馅料，收紧收口。

6~9. 取外皮面团光滑面向上压扁，用擀面杖擀成 3~4 毫米厚面皮，翻面。

10. 在外皮面团上刷一层熔化的黄油。

11. 将整形好的内面团顶部朝下，放置在刷好黄油的外皮面团上。

12~20. 将外皮面团从四周包裹起内面团，捏紧收口，翻面，完成整形。

内馅制作：用擀面杖将蜜红豆压至半碎。将软化的奶油奶酪、牛奶分别放入，用刮刀拌匀。

1. 将完成整形的面团放置在温度 30℃、湿度 78% 的环境下最后发酵约 50 分钟。最后
   发酵完成的面团，为发酵前面团的 1.7~1.8 倍大小（轻触面团，面团能有轻微回弹即
   表示发酵完成）。

2. 将模具放置在发酵好的面团上，均匀撒粉。

3~5. 先割"十"字口，然后在四周的花瓣上割四个小口。

6. 以上火 210℃，下火 190℃预热烤箱，将完成最后发酵的面团放入烤箱，烘烤约 13 分
   钟。待面包烘烤完成后，随即移至网架上冷却。

黄金芝士熏鸡

6个

制作流程

制作流程：
面团搅拌—基础发酵—分割—预整形—松弛—整形—最后发酵—装饰—烘烤

面团搅拌时间：低速 4 分钟—高速 10 分钟—低速 3 分钟

面团出缸温度：25~26℃

基础发酵：温度 28℃，湿度 75%，50 分钟

面团分割重量：180 克 / 个

松弛时间：15 分钟

整形形状：橄榄形

最后发酵：温度 30℃，湿度 78%，50 分钟

装饰方法：刷蛋液，沾黄金芝士

烘烤温度时间：上火 215℃，下火 190℃，13 分钟

材料准备

面团材料准备：

A. 高筋粉 500 克、砂糖 60 克、
   盐 10 克、酵母 6 克、水 250 克、
   牛奶 100 克

B. 法式老面 100 克、波兰酵种 50 克

C. 黄油 25 克

馅料材料准备：

芝士片 6 片、熏鸡肉适量、黑
胡椒适量、色拉酱适量

装饰材料准备：

芝士粉 50 克、黄金芝士粉 6 克

步骤 Steps

面团搅拌 基础发酵

1. 将所有 A 材料放入搅拌缸中，开始以低速搅拌均匀。加入 B 材料，继续以低速搅拌约 4 分钟后，转为高速再搅拌约 10 分钟。

2. 取少许面团拉开，至面团有薄膜且破洞处呈锯齿状（扩展状态）。

3. 加入 C 材料，以低速搅拌约 3 分钟。取少许面团拉开，至面团有薄膜且破洞处呈圆滑状（完全状态）。

4. 将面团从搅拌缸中取出，此时，面团中心温度为 25~26℃。将面团放入设定温度 28℃、湿度 75% 的发酵箱中，进行基础发酵约 50 分钟。

5. 基础发酵完成的面团，为发酵前面团的 2 倍大小（用食指沾干粉在面团中间戳洞，洞口不回缩也不塌陷）。

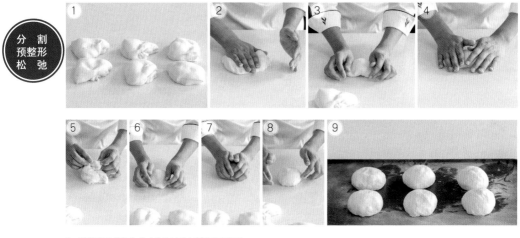

分 割 预整形 松 弛

1. 将面团分割成 180 克的等量面团。

2. 分割好的面团正面向上，手掌成弧形，将面团拍平至 2/3 气体排出。

3. 将面团翻面，双手将拍平的面团顺着靠近身体一侧推起。边推边收，至面团全部卷起。

4. 推卷起的面团光滑面向上，双手轻拍面团。

5~6. 面团旋转 90°，顺着靠近身体一侧再次推卷起。

7~8. 推卷起的面团收至表面绷紧，预整形完成。

9. 将预整形好的面团放置在温度 28℃、湿度 75% 的环境下松弛约 15 分钟。

整形

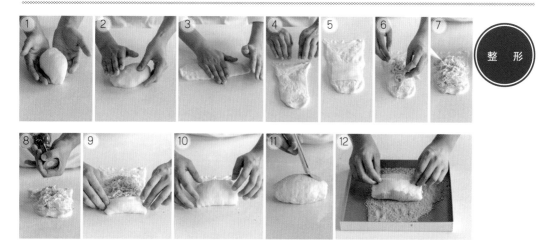

1. 取松弛好的面团，光滑面朝上，用双手从侧面将面团收成胖橄榄形。

2. 面团旋转 90°，用手掌从一端至另一端，压扁成长条状。

3. 轻拍面团，将面团整理成宽 10 厘米长方形面皮。

4. 翻面，旋转 90°，处理好收口。

5~8. 在面皮上铺一片芝士，至靠近收口 1/4 以上的位置，均匀铺一层熏鸡肉，挤色拉酱、撒黑胡椒碎末。

9~10. 将铺好馅料的面皮卷起，靠近收口处，双手向里收，压紧收口，完成整形。

11. 用刷子将蛋液均匀地刷在完成整形的面团上。

12. 托起面团，倒扣在黄金芝士盘中，双手抓住底部收口，来回滚动，使黄金芝士均匀地沾在面团上，完成装饰。

表面装饰制作：芝士粉和黄金芝士粉混合均匀。

最后发酵
装　饰
烘　烤

1. 将装饰好的面团放置在温度 30℃、湿度 78% 的环境下最后发酵约 50 分钟。

2~3. 最后发酵完成的面团，为发酵前面团的 1.7~1.8 倍大小（轻触面团，面团能有轻微回弹即表示发酵完成）。用割包刀在每个面包左右两侧各划 3 个刀口。

4. 以上火 215℃，下火 190℃预热烤箱，将完成最后发酵的面团放入烤箱，烘烤约 13 分钟。待面包烘烤完成后，随即移至网架上冷却。

墨鱼芝心

8 个

制作流程

制作流程：

面团搅拌—基础发酵—分割—预整形—松弛—整形—最后发酵—装饰—烘烤

面团搅拌时间：低速 4 分钟—高速 10 分钟—低速 3 分钟

面团出缸温度：25~26℃

基础发酵：温度 28℃，湿度 75%，50 分钟

面团分割重量：120 克 / 个

松弛时间：20 分钟

整形形状：圆形

最后发酵：温度 30℃，湿度 78%，50 分钟

装饰方法：撒粉，剪包

烘烤：上火 210℃，下火 190℃，12 分钟

材料准备

面团材料准备：

A. 高筋粉 500 克、墨鱼粉 10 克、砂糖 24 克、
盐 10 克、酵母 7.5 克、水 300 克、鸡蛋 40 克

B. 烫种 50 克

C. 黄油 40 克

馅料材料准备：

芝士片 8 片、培根肉若干

步骤 Steps

面团搅拌 基础发酵

1. 将所有 A 材料放入搅拌缸中，开始以低速搅拌均匀。加入 B 材料，继续以低速搅拌约 4 分钟后，转为高速再搅拌约 10 分钟。

2. 取少许面团拉开，至面团有薄膜且破洞处呈锯齿状（扩展状态）。

3. 加入 C 材料，以低速搅拌约 3 分钟。

4. 取少许面团拉开，至面团有薄膜且破洞处呈圆滑状（完全状态）。

5. 将面团从搅拌缸中取出，此时，面团中心温度为 25~26℃。将面团放入设定温度 28℃、湿度 75% 的发酵箱中，进行基础发酵约 50 分钟。基础发酵完成的面团，为发酵前面团的 2 倍大小（用食指沾干粉在面团中间戳洞，洞口不回缩也不塌陷）。

分　割 预整形

1. 将面团分割成 120 克的等量面团。

2. 分割好的面团正面向上，手掌成弧形，将面团拍平至 2/3 气体排出。

3. 将面团翻面，双手将拍平的面团顺着靠近身体一侧推起。

4. 边推边收，至面团全部卷起。

5. 双手护住面团旋转，将面团收成圆，预整形完成。

松　弛 整　形

1. 将预整形好的面团放置在温度 28℃、湿度 75% 的环境下松弛约 20 分钟。

2. 取松弛好的面团，光滑面朝上，用双手将面团拍成中间稍厚，边缘稍薄的面皮。

3. 将面皮翻面，光滑面朝下，中间放一片芝士片。

4~6. 在芝士片上放熟培根肉，收紧收口，完成整形。

馅料制作：培根肉放在铺好锡纸的烤盘上，以上火 170℃，下火 170℃，烘烤约 8 分钟至熟。

最后发酵
装　　饰
烘　　烤

1. 将整形好的面团放置在温度 30℃、湿度 78% 的环境下最后发酵约 50 分钟。最后发酵完成的面团，为发酵前面团的 1.7~1.8 倍大小（轻触面团，面团能有轻微回弹即表示发酵完成）。

2. 使用粉筛，将高筋粉均匀撒在面团上。

3~5. 持剪刀以与面团垂直方向，剪"十"字口，并将剪口稍向外拨。

6. 以上火 210℃，下火 190℃ 预热烤箱，将完成最后发酵的面团放入烤箱，烘烤约 12 分钟。

7. 待面包烘烤完成后，随即移至网架上冷却。

红酒甜心

/ 3 个

制作流程

制作流程：

面团搅拌—基础发酵—分割—预整形—松弛—整形—最后发酵—装饰—烘烤

面团搅拌时间：低速 4 分钟—高速 8 分钟—低速 2 分钟—低速 1 分钟

面团出缸温度：25~26℃

基础发酵：温度 28℃，湿度 75%，45 分钟

面团分割重量：280 克 / 个

松弛时间：15 分钟

整形形状：圆形

最后发酵：温度 30℃，湿度 78%，45 分钟

装饰方法：挤墨西哥酱，撒酥菠萝

烘烤：上火 220℃，下火 190℃，14 分钟

材料准备

面团材料准备：

A. 高筋粉 500 克、熟胚芽粉 20 克、砂糖 24 克、盐 4.8 克、
　　酵母 6 克、红酒 120 克、 水 168 克

B. 烫种 40 克

C. 黄油 20 克

D. 核桃仁 60 克

馅料材料准备：

黄油 60 克、糖粉 40 克、奶油奶酪 70 克、奶粉 60 克

墨西哥酱材料准备
（表面装饰）：

黄油 50 克、糖粉 40 克、蛋黄 50 克、低筋粉 40 克

酥菠萝材料准备
（表面装饰）：

黄油 30 克、糖粉 50 克、杏仁粉 40 克、低筋粉 30 克

步骤 Steps

1. 将所有 A 材料放入搅拌缸中，开始以低速搅拌均匀。

2. 加入 B 材料，继续以低速搅拌约 4 分钟后，转为高速再搅拌约 8 分钟。

3. 取少许面团拉开，至面团有薄膜且破洞处呈锯齿状（扩展状态）。

4. 加入 C 材料，以低速搅拌约 2 分钟。

5. 取少许面团拉开，至面团有薄膜且破洞处呈圆滑状（完全状态）。

6. 加入 D 材料，以低速搅拌约 1 分钟至均匀。

7. 将面团从搅拌缸中取出，此时，面团中心温度为 25~26℃。将面团放入设定温度
   28℃、湿度 75% 的发酵箱中，进行基础发酵约 45 分钟。

8. 基础发酵完成的面团，为发酵前面团的 2 倍大小（用食指沾干粉在面团中间戳洞，洞
   口不回缩也不塌陷）。

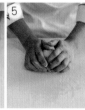

1. 将面团分割成 280 克的等量面团。

2. 分割好的面团正面向上，手掌成弧形，将面团拍平至 2/3 气体排出。

3. 将面团翻面，双手将拍平的面团顺着靠近身体一侧推起。边推边收至面团全部卷起。

4. 面团旋转 90°，顺着靠近身体一侧再次推卷起。

5. 推卷起的面团收至表面绷紧，预整形完成。

1. 将预整形好的面团放置在温度 28℃、湿度 75% 的环境下松弛约 15 分钟。

2. 取松弛好的面团，光滑面朝上，用双手将面团拍成中间稍厚，边缘稍薄的面皮。

3. 将面皮翻面，光滑面朝下，中间用馅料匙放上 75 克奶酥馅。

4~7. 将面皮从四周收起，捏紧收口。

馅料制作：黄油室温软化后放入搅拌碗中，加入糖粉，搅拌均匀后加入室温软化的奶油奶酪，搅拌均匀后，加入奶粉搅拌均匀。

墨西哥酱制作：黄油室温软化后加入糖粉搅拌均匀。加入室温下的蛋黄搅拌均匀，加入低粉搅拌均匀后装入裱花袋。

酥菠萝制作：黄油室温软化后加入糖粉搅拌均匀。依次加入杏仁粉、低粉，用手抓搓成颗粒状酥粒。

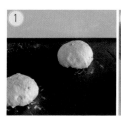    

最后发酵
装饰
烘烤

1. 将整形好的面团放置在温度 30℃、湿度 78% 的环境下最后发酵约 45 分钟。最后发酵完成的面团，为发酵前面团的 1.7~1.8 倍大小（轻触面团，面团能有轻微回弹即表示发酵完成）。

2~3. 在完成最后发酵的面团上，挤 5~6 条墨西哥酱后，撒酥菠萝。

4. 以上火 220℃，下火 190℃预热烤箱，将完成最后发酵的面团放入烤箱，烘烤约 14 分钟。

5. 待面包烘烤完成后，随即移至网架上冷却。

芒疯了

4个

制作流程

制作流程：
面团搅拌—基础发酵—分割—预整形—松弛—整形—最后发酵—装饰—烘烤

面团搅拌时间：低速 4 分钟—高速 10 分钟—低速 3 分钟—低速 1 分钟

面团出缸温度：25~26℃

基础发酵：温度 28℃，湿度 75%，50 分钟

面团分割重量：265 克 / 个

松弛时间：20 分钟

整形形状：麻花形

最后发酵：温度 32℃，湿度 78%，45 分钟

装饰方法：撒粉

烘烤：上火 220℃，下火 190℃，13 分钟

材料准备

面团材料准备：

A. 高筋粉 500 克、砂糖 30 克、盐 6 克、酵母 6 克、水 265 克、芒果果蓉 100 克

B. 法式老面 130 克

C. 黄油 30 克

D. 熟黑芝麻 7.5 克

馅料材料准备：

奶油奶酪 200 克、芒果果蓉 60 克、芒果丁 96 克

步骤 Steps

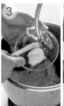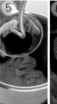

面团搅拌
基础发酵

1. 将所有 A 材料放入搅拌缸中，开始以低速搅拌均匀。加入 B 材料，继续以低速搅拌约 4 分钟后，转为高速再搅拌约 10 分钟。

2. 取少许面团拉开，至面团有薄膜且破洞处呈锯齿状（扩展状态）。

3. 加入 C 材料，以低速搅拌约 3 分钟。

4. 取少许面团拉开，至面团有薄膜且破洞处呈圆滑状（完全状态）。

5. 加入 D 材料，以低速搅拌约 1 分钟至均匀。

6. 将面团从搅拌缸中取出，此时，面团中心温度为 25~26℃。将面团放入设定温度 28℃、湿度 75% 的发酵箱中，进行基础发酵约 50 分钟。

7. 基础发酵完成的面团，为发酵前面团的 2 倍大小（用食指沾干粉在面团中间戳洞，洞口不回缩也不塌陷）。

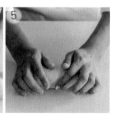

分　割
预整形

1. 将面团分割成 265 克的等量面团。

2. 分割好的面团正面向上，手掌成弧形，将面团拍平至 2/3 气体排出。

3. 将面团翻面，双手将拍平的面团顺着靠近身体一侧推起。边推边收，至面团全部卷起。

4~5. 将推卷起的面团收至表面绷紧，预整形完成。

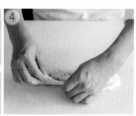

松　弛
整　形

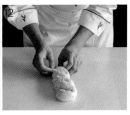

1. 将预整形好的面团放置在温度 28℃、湿度 75% 的环境下松弛约 20 分钟。

2. 取出松弛好的面团，光滑面朝上，用手轻拍成扁长条状。

3. 将拍平的面团翻面，光滑面朝下，在面团 1/3 位置挤上芒果奶酪馅。

4~6. 左手从右至左拉起面团，将芒果奶酪馅包入面团中，同时用右手手掌将收口压紧。

7. 双手将面团搓长至 85 厘米。

8. 两手将搓长面团的两端向相反方向搓推。

9~12. 面团交叉打麻花辫（注意不要打得太紧），捏紧两端端口。

馅料制作：奶油奶酪室温软化后，根据个人口味加入适量砂糖拌匀。加入回温的芒果果蓉拌匀，再加入提前用白兰地泡软的芒果丁拌匀装入裱花袋中。

最后发酵
装　饰
烘　烤

1. 将整形好的面团放置在温度 32℃、湿度 78% 的环境下最后发酵约 45 分钟。

2. 最后发酵完成的面团，为发酵前面团的 1.7~1.8 倍大小（轻触面团，面团能有轻微回弹即表示发酵完成）。

3~4. 放上模具，使用粉筛，将高筋粉均匀地撒在面团上。

5. 以上火 220℃，下火 190℃预热烤箱，将装饰好的面团放入烤箱，烘烤约 13 分钟。待面包烘烤完成后，随即移至网架上冷却。

菠菜芝士

／6 个

制作流程

制作流程：

面团搅拌—基础发酵—分割—预整形—松弛—整形—最后发酵—装饰—烘烤

面团搅拌时间：低速 4 分钟—高速 12 分钟—低速 3 分钟

面团出缸温度：25~26℃

基础发酵：温度 28℃，湿度 75%，60 分钟

面团分割重量：120 克 / 个

松弛时间：20 分钟

整形形状：圆形

最后发酵：温度 30℃，湿度 78%，50 分钟

装饰方法：沾马苏里拉芝士，剪包

烘烤：上火 210℃，下火 190℃，12 分钟

材料准备

面团材料准备：

A. 高筋粉 370 克、砂糖 28 克、盐 5 克、鲜酵母 10 克、水 118 克、菠菜汁 80 克（菠菜叶 50 克、水 50 克，倒入料理机中榨汁）

B. 葡萄酵母酵种 100 克

C. 黄油 20 克

馅料材料准备：

马苏里拉芝士 100 克、玉米粒 50 克、青豆 50 克、熟培根肉 140 克、色拉酱 35 克、黑胡椒碎末 2 克

步骤 Steps

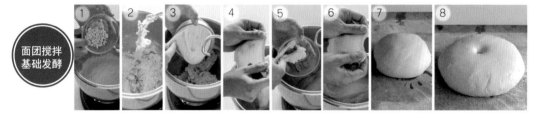

1~2. 将所有 A 材料放入搅拌缸中，开始以低速搅拌均匀。

3. 加入 B 材料，继续以低速搅拌约 4 分钟后，转为高速再搅拌约 12 分钟。

4. 取少许面团拉开，至面团有薄膜且破洞处呈锯齿状（扩展状态）。

5. 加入 C 材料，以低速搅拌约 3 分钟。

6. 取少许面团拉开，至面团有薄膜且破洞处呈圆滑状（完全状态）。

7. 将面团从搅拌缸中取出，此时，面团中心温度为 25~26℃。将面团放入设定温度 28℃、湿度 75% 的发酵箱中，进行基础发酵约 60 分钟。

8. 基础发酵完成的面团，为发酵前面团的 2 倍大小（用食指沾干粉在面团中间戳洞，洞口不回缩也不塌陷）。

分 割
预整形

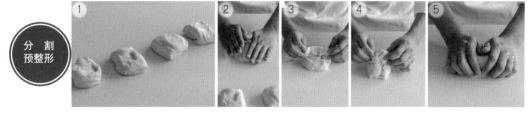

1. 将面团分割成 120 克的等量面团。

2. 分割好的面团正面向上，手掌成弧形，将面团拍平至 2/3 气体排出。

3. 将面团翻面，双手将拍平的面团顺着靠近身体一侧推起。

4. 面团旋转 90°，顺着靠近身体一侧再次推卷起。

5. 推卷起的面团收至表面绷紧，预整形完成。

松　　弛
整　　形

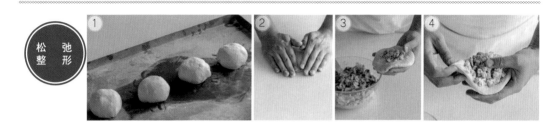

1. 将预整形好的面团放置在温度 28℃、湿度 75% 的环境下松弛约 20 分钟。

2. 取松弛好的面团，光滑面朝上，用双手将面团拍成中间稍厚，边缘稍薄的面皮。

3. 将面皮翻面，光滑面朝下，中间用馅料匙放上 60 克内馅。

4~6. 将面皮从四周收起，捏紧收口。

7~8. 面团表面刷一层蛋液，沾马苏里拉芝士，整形完成。

馅料制作方法：将内馅材料混匀。

最后发酵
装饰
烘烤

1. 将整形好的面团放置在温度 30℃、湿度 78% 的环境下最后发酵约 50 分钟。最后发酵完成的面团，为发酵前面团的 1.7~1.8 倍大小（轻触面团，面团能有轻微回弹即表示发酵完成）。

2~4. 持剪刀以与面团垂直方向，剪"米"字口（注意剪口不要太大）。

5. 以上火 210℃，下火 190℃预热烤箱，将完成最后发酵的面团放入烤箱，烘烤约 12 分钟。

6. 待面包烘烤完成后，随即移至网架上冷却。

魔 咖

————

/ 4 个

制作流程

制作流程：

面团搅拌—基础发酵—分割—预整形—松弛—整形—装饰—最后发酵—烘烤

面团搅拌时间：低速 5 分钟—高速 8 分钟—低速 5 分钟—低速 1 分钟

面团出缸温度：25~26℃

基础发酵：温度 28℃，湿度 75%，60 分钟

面团分割重量：270 克 / 个

松弛时间：20 分钟

整形形状：枕形

最后发酵：温度 30℃，湿度 78%，60 分钟

装饰方法：刷蛋液，沾巧克力酥菠萝

烘烤：上火 220℃，下火 190℃，14 分钟

材料准备

面团材料准备：

A. 咖啡粉 7.5 克、热水 50 克

B. 高筋粉 500 克、砂糖 75 克、盐 6 克、
   酵母 7.5 克、牛奶 100 克、水 135 克

C. 烫种 50 克

D. 黄油 30 克

E. 耐烤巧克力豆 120 克

装饰材料准备：

黄油 60 克、糖粉 62.5 克、杏仁粉 50
克、可可粉 12.5 克、低筋粉 37.5 克

步骤 Steps

1. 将 A 材料混匀晾凉，连同所有 B 材料放入搅拌缸中，开始以低速搅拌均匀。

2. 加入 C 材料，继续以低速搅拌约 5 分钟后，转为高速再搅拌约 8 分钟。

3. 取少许面团拉开，至面团有薄膜且破洞处呈锯齿状（扩展状态）。

4. 加入 D 材料，以低速搅拌约 5 分钟。

5. 取少许面团拉开，至面团有薄膜且破洞处呈圆滑状（完全状态）。

6. 加入面团 E 材料，以低速搅拌约 1 分钟至均匀。

7. 将面团从搅拌缸中取出，此时，面团中心温度为 25~26℃。将面团放入设定温度 28℃、湿度 75% 的发酵箱中，进行基础发酵约 60 分钟。

8. 基础发酵完成的面团，为发酵前面团的 2 倍大小（用食指沾干粉在面团中间戳洞，洞口不回缩也不塌陷）。

分 割
预整形

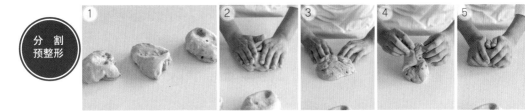

1. 将面团分割成 270 克的等量面团。

2. 分割好的面团正面向上，手掌成弧形，将面团拍平至 2/3 气体排出。

3. 将面团翻面，双手将拍平的面团顺着靠近身体一侧推起，边推边收，至面团全部卷起。

4. 面团旋转 90°，顺着靠近身体一侧再次推卷起。

5. 推卷起的面团收至表面绷紧，预整形完成。

松　弛
整　形

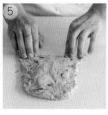  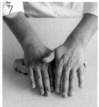 

1. 将预整形好的面团放置在温度 28℃、湿度 75% 的环境下松弛约 20 分钟。

2. 取松弛好的面团，光滑面朝上，用双手从侧面将面团收成椭圆形。

3~4. 将面团旋转 90°，从一端至另一端，压扁成宽 13 厘米的长条状面皮。

5. 翻面，旋转 90°，处理好收口。

6~8. 双手将面皮从上至下卷起，压紧收口，搓至 18 厘米长，完成整形。

1. 用刷子将蛋液均匀地刷在完成整形的面团上。

2. 托起面团，倒扣在巧克力酥菠萝中，双手抓住底部收口，来回滚动，使酥粒均匀地沾在面团上。

3. 持剪刀以与面团垂直方向，在面团表面等间距剪四个口子。

4. 将面团放置在温度 30℃、湿度 78% 的环境下最后发酵约 60 分钟。最后发酵完成的面团，
   为发酵前面团的 1.7~1.8 倍大小（轻触面团，面团能有轻微回弹即表示发酵完成）。

5. 以上火 220℃，下火 190℃预热烤箱，将完成最后发酵的面团放入烤箱，烘烤约 14 分钟。
   待面包烘烤完成后，随即移至网架上冷却。

巧克力酥菠萝制作：黄油室温软化后加入糖粉，搅拌均匀。依次加入杏仁粉、可可粉、低筋粉，
用手抓搓成颗粒状。

罗勒熏鸡

3 个

制作流程

制作流程：

面团搅拌—基础发酵—分割—预整形—松弛—整形—最后发酵—装饰—烘烤

面团搅拌时间：低速 4 分钟—高速 10 分钟—低速 3 分钟

面团出缸温度：25~26℃

基础发酵：温度 28℃，湿度 75%，50 分钟

面团分割重量：300 克 / 个

松弛时间：15 分钟

整形形状：枕形

最后发酵：温度 30℃，湿度 78%，45 分钟

装饰方法：刷蛋液，沾白芝麻，割包

烘烤：上火 210℃，下火 190℃，15 分钟

材料准备

面团材料准备：

A. 高筋粉 420 克、砂糖 21 克、盐 8.4
   克、奶粉 8.4 克、青葱末 2.1 克、
   酵母 6.3 克、水 273 克、罗勒酱
   29.4 克

B. 法式老面 126 克

C. 黄油 25.2 克

馅料材料准备：

熏鸡肉 240 克、黑胡椒 0.5 克、干罗勒
叶 1 克、罗勒酱 30 克、色拉酱 15 克

步骤 Steps

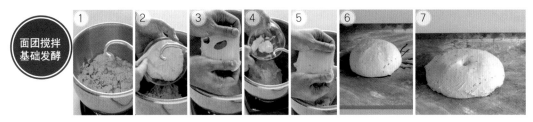

面团搅拌
基础发酵

1. 将所有 A 材料放入搅拌缸中，开始以低速搅拌均匀。

2. 加入 B 材料，继续以低速搅拌约 4 分钟后，转为高速再搅拌约 10 分钟。

3. 取少许面团拉开，至面团有薄膜且破洞处呈锯齿状（扩展状态）。

4. 加入 C 材料，以低速搅拌约 3 分钟。

5. 取少许面团拉开，至面团有薄膜且破洞处呈圆滑状（完全状态）。

6. 将面团从搅拌缸中取出，此时，面团中心温度为 25~26℃。将面团放入设定温度
   28℃、湿度 75% 的发酵箱中，进行基础发酵约 50 分钟。

7. 基础发酵完成的面团，为发酵前面团的 2 倍大小（用食指沾干粉在面团中间戳洞，洞
   口不回缩也不塌陷）。

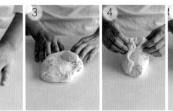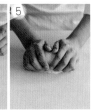

分　割
预整形

1. 将面团分割成 300 克的等量面团。

2. 分割好的面团正面向上，手掌成弧形，将面团拍平至 2/3 气体排出。

3. 将面团翻面，双手将拍平的面团顺着靠近身体一侧推起。边推边收，至面团全部卷起。

4. 面团旋转 90°，顺着靠近身体一侧再次推卷起。

5. 推卷起的面团收至表面绷紧，预整形完成。

松　弛
整　形

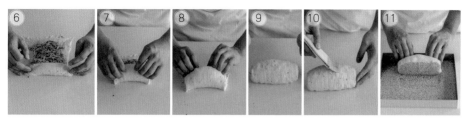

1. 将预整形好的面团放置在温度 28℃、湿度 75% 的环境下松弛约 15 分钟。

2. 取松弛好的面团，光滑面朝上，用双手从侧面将面团收成胖橄榄形。

3. 面团旋转 90°，用手掌从一端至另一端，压扁成宽 14 厘米的长方形面皮。

4. 翻面，旋转 90°，处理好收口。

5. 在面皮上均匀铺一层拌好的熏鸡肉馅料。

6~9. 双手将铺好馅料的面皮卷起，压紧收口，完成整形。

10. 用刷子将蛋液均匀地刷在完成整形的面团上。

11. 托起面团，倒扣在生白芝麻盘中，双手抓住底部收口，来回滚动，使白芝麻均匀地沾在面团上，完成初步装饰。

内馅制作：将内馅材料搅拌均匀即可。

最后发酵
装　饰
烘　烤

1. 将初步装饰好的面团放置在温度 30℃、湿度 78% 的环境下最后发酵约 45 分钟。

2. 最后发酵完成的面团，为发酵前面团的 1.7~1.8 倍大小（轻触面团，面团能有轻微回弹即表示发酵完成）。

3~4. 用割包刀与面团成 45° 角，斜划 3 刀，旋转烤盘，再斜划 3 刀,面团表面呈菱形割口。

5~6. 以上火 210℃，下火 190℃预热烤箱，将完成最后发酵的面团放入烤箱，烘烤约 15 分钟。待面包烘烤完成后，随即移至网架上冷却。

脆皮橘

／ 4 个

制作流程

制作流程：

面团搅拌—基础发酵—分割—预整形—松弛—整形—最后发酵—装饰—烘烤

面团搅拌时间：低速 4 分钟—高速 10 分钟—低速 3 分钟

面团出缸温度：25~26℃

基础发酵：温度 28℃，湿度 75%，45 分钟

面团分割重量：250 克 / 个

松弛时间：15 分钟

整形形状：圈形

最后发酵：温度 30℃，湿度 78%，40 分钟

装饰方法：挤脆皮酱、撒杏仁片

烘烤：上火 220℃，下火 190℃，15 分钟

材料准备

面团材料准备：

A. 高筋粉 500 克、熟胚芽粉 25 克、砂糖 30 克、盐 6 克、酵母 7.5 克、红酒 150 克、水 210 克

B. 烫种 50 克

C. 黄油 25 克

馅料材料准备：

黄油 60 克、砂糖 60 克、鸡蛋 45 克、烤熟杏仁粉 45 克、低筋粉 22.5 克、酒渍橙皮丁 30 克

装饰材料准备：

蛋清 100 克、砂糖 70 克、杏仁粉 130 克、生杏仁片若干

步骤 Steps

面团搅拌 基础发酵

1. 将所有 A 材料放入搅拌缸中，开始以低速搅拌均匀。

2. 加入 B 材料，继续以低速搅拌约 4 分钟后，转为高速再搅拌约 10 分钟。

3. 取少许面团拉开，至面团有薄膜且破洞处呈锯齿状（扩展状态）。

4. 加入 C 材料，以低速搅拌约 3 分钟。

5. 取少许面团拉开，至面团有薄膜且破洞处呈圆滑状（完全状态）。

6. 将面团从搅拌缸中取出，此时，面团中心温度为 25~26℃。将面团放入设定温度 28℃、湿度 75% 的发酵箱中，进行基础发酵约 45 分钟。

7. 基础发酵完成的面团，为发酵前面团的 2 倍大小（用食指沾干粉在面团中间戳洞，洞口不回缩也不塌陷）。

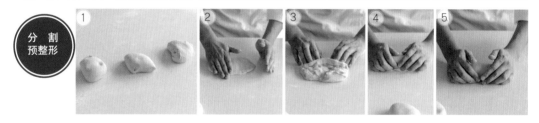

分 割 预整形

1. 将面团分割成 250 克的等量面团。

2. 分割好的面团正面向上，手掌成弧形，将面团拍平至 2/3 气体排出。

3. 将面团翻面，双手将拍平的面团顺着靠近身体一侧推起。边推边收，至面团全部卷起。

4~5. 将推卷起的面团收至表面绷紧，预整形完成。

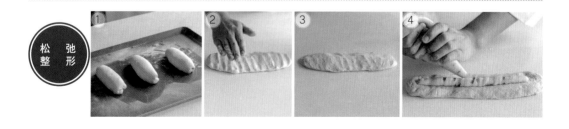

松 弛 整 形

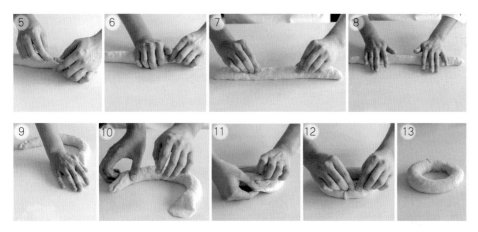

1. 将预整形好的面团放置在温度 28℃、湿度 75% 的环境下松弛约 15 分钟。

2~3. 取出松弛好的面团，光滑面朝上，用手轻拍成扁长条状。

4. 将拍平的面团翻面，光滑面朝下，在面团 1/3 位置挤一条馅料。

5~8. 左手从右至左拉起面团，将内馅包入面团中，捏紧收口。

9. 双手将面团搓长至 45 厘米。

10~13. 面团接缝朝上，单手将一端压扁，将另一端放置在压扁一端的面皮上，结环，捏
　　　　紧接口。

最后发酵
装　　饰
烘　　烤

1. 将整形好的面团放置在温度 30℃、湿度 78% 的环境下最后发酵约 40 分钟。最后发酵
　　完成的面团，为发酵前面团的 1.7~1.8 倍大小（轻触面团，面团能有轻微回弹即表示发
　　酵完成）。

2~3. 将脆皮酱均匀地挤在圈形面团上，撒杏仁片。

4. 以上火 220℃，下火 190℃预热烤箱，将装饰好的面团放入烤箱，烘烤约 15 分钟。待
　　面包烘烤完成后，随即移至网架上冷却。

内馅制作：黄油室温软化后，加入砂糖拌匀，加入鸡蛋（室温）拌匀，加入烤熟杏仁粉、
低筋粉拌匀，加入酒渍橙皮丁拌匀后，装入裱花袋中。

表面装饰酱制作：蛋清加入砂糖打散后，加入杏仁粉拌匀，装入裱花袋中。

映日紫米

3组（3个1组）

制作流程

制作流程：

面团搅拌—基础发酵—分割—预整形—松弛—整形—最后发酵—装饰—烘烤

面团搅拌时间：低速 4 分钟—高速 15 分钟—低速 1 分钟

面团出缸温度：24~25℃

基础发酵：温度 28℃，湿度 75%，50 分钟

面团分割重量：80 克 / 个

松弛时间：15 分钟

整形形状：圆形

最后发酵：温度 30℃，湿度 78%，40 分钟

装饰方法：撒粉

烘烤：上火 220℃，下火 190℃，13 分钟

材料准备

面团材料准备：

A. 高筋粉 300 克、砂糖 24 克、盐 3.9 克、鲜酵母 9 克、紫米水 210 克（80 克紫米放入 250 克水中，浸泡 1 个小时，过滤出紫米水）、紫米饭 60 克（紫米加水，放入电饭锅中，煮熟成紫米饭，晾凉。紫米较吸水，水量应高出紫米 1 个半食指节）

B. 葡萄酵母酵种 30 克、烫种 45 克

C. 核桃仁 30 克、酒渍提子干 30 克

馅料材料准备：

紫米饭 270 克、炼乳 144 克、无花果干适量

步骤 Steps

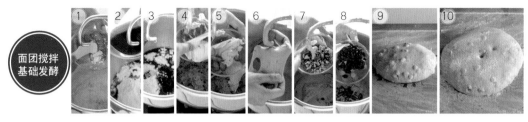

面团搅拌基础发酵

1~3. 将所有 A 材料放入搅拌缸中，开始以低速搅拌均匀。

4~5. 加入 B 材料，继续以低速搅拌约 4 分钟后，转为高速再搅拌约 15 分钟。

6. 取少许面团拉开，至面团有薄膜且破洞处呈圆滑状（完全状态）。

7~8. 加入 C 材料，以低速搅拌约 1 分钟。

9. 将面团从搅拌缸中取出，此时，面团中心温度为 24~25℃。将面团放入设定温度 28℃、湿度 75% 的发酵箱中，进行基础发酵约 50 分钟。

10. 基础发酵完成的面团，为发酵前面团的 2 倍大小（用食指沾干粉在面团中间戳洞，洞口不回缩也不塌陷）。

分割预整形

1. 将面团分割成 80 克的等量面团。

2. 分割好的面团正面向上，手掌成弧形，将面团拍平至 2/3 气体排出。

3. 将面团翻面，双手将拍平的面团顺着靠近身体一侧推起。

4~5. 面团旋转 90°，轻拍，顺着靠近身体一侧再次推卷起。

6. 推卷起的面团收至表面绷紧，预整形完成。

松弛整形

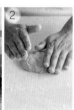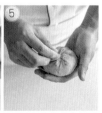

1. 将预整形好的面团放置在温度 28℃、湿度 75% 的环境下松弛约 15 分钟。

2. 取松弛好的面团，光滑面朝上，用双手将面团拍成中间稍厚，边缘稍薄的面皮。

3. 将面皮翻面，光滑面朝下，中间用馅料匙舀 45 克紫米馅，放适量酒渍无花果干。

4~5. 将面皮从四周收起，捏紧收口，每 3 个成 1 组，摆放在烤盘上。

内馅制作：将紫米饭与炼乳拌匀即可。

1. 将整形好的面团放置在温度 30℃、湿度 78% 的环境下最后发酵约 40 分钟。最后发酵完成的面团，为发酵前面团的 1.7~1.8 倍大小（轻触面团，面团能有轻微回弹即表示发酵完成）。

2. 撒粉模具放置好，将高筋粉均匀撒在面团上。

3. 以上火 220℃，下火 190℃预热烤箱，将完成最后发酵的面团放入烤箱，烘烤约 13 分钟。

4. 待面包烘烤完成后，随即移至网架上冷却。

榴莲乳酪

4 个

制作流程

制作流程：

面团搅拌—基础发酵—分割—预整形—松弛—整形—最后发酵—装饰—烘烤

面团搅拌时间：低速 4 分钟—高速 10 分钟—低速 3 分钟

面团出缸温度：25~26℃

基础发酵：温度 28℃，湿度 75%，50 分钟

面团分割重量：280 克 / 个

松弛时间：15 分钟

整形形状：长棍形

最后发酵：温度 30℃，湿度 78%，45 分钟

装饰方法：撒酥菠萝

烘烤：上火 210℃ , 下火 190℃，14 分钟

材料准备

面团材料准备：

A. 高筋粉 500 克、砂糖 60 克、盐 6 克、酵母 6 克、水 100 克、牛奶 225 克、榴莲泥 75 克

B. 波兰酵种 100 克、烫种 25 克

C. 黄油 30 克

馅料材料准备：

榴莲泥 150 克、奶酪 150 克

装饰材料准备：

黄油 30 克、糖粉 50 克、杏仁粉 40 克、低筋粉 30 克

步骤 Steps

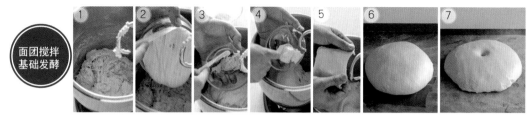

面团搅拌 基础发酵

1. 将所有 A 材料放入搅拌缸中，开始以低速搅拌均匀。

2~3. 加入 B 材料，继续以低速搅拌约 4 分钟后，转为高速再搅拌约 10 分钟。

4. 取少许面团拉开，至面团有薄膜且破洞处呈锯齿状（扩展状态），加入 C 材料，以低速搅拌约 3 分钟。

5. 取少许面团拉开，至面团有薄膜且破洞处呈圆滑状（完全状态）。

6. 将面团从搅拌缸中取出，此时，面团中心温度约为 25~26℃。将面团放入设定温度 28℃、湿度 75% 的发酵箱中，进行基础发酵约 50 分钟。

7. 基础发酵完成的面团，为发酵前面团的 2 倍大小（用食指沾干粉在面团中间戳洞，洞口不回缩也不塌陷）。

分割 预整形

1. 将面团分割成 280 克的等量面团。

2. 分割好的面团正面向上，手掌成弧形，将面团拍平至 2/3 气体排出。

3~4. 将面团翻面，双手将拍平的面团顺着靠近身体一侧推卷起。

5. 推卷起的面团收至表面绷紧，预整形完成。

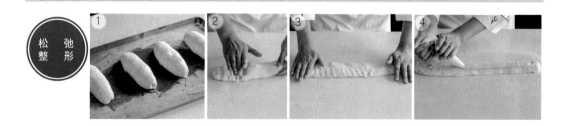

松弛 整形

1. 将预整形好的面团放置在温度 28℃、湿度 75% 的环境下松弛约 15 分钟。

2~3. 取出松弛好的面团，光滑面朝上，用手轻拍成扁长条状。

4. 将拍平的面团翻面，光滑面朝下，在面团 1/3 位置用裱花袋挤一条榴莲奶酪馅。

5~6. 左手从右至左拉起面团，将榴莲奶酪馅包入面团中，同时用右手手掌将收口压紧。

7~8. 双手将面团搓长至 48 厘米。

9~10. 收口朝下，将面团折成"Z"形。

内馅制作：奶酪室温软化后，用搅拌器打成顺滑状。加入榴莲泥（室温）拌匀，装入裱花袋中。

表面装饰制作：黄油室温软化，加入糖粉拌匀。依次加入杏仁粉、低筋粉，用手抓搓成颗粒状酥粒。

最后发酵
装　饰
烘　烤

1. 将整形好的面团放置在温度 30℃、湿度 78% 的环境下最后发酵约 45 分钟。

2. 最后发酵完成的面团，为发酵前面团的 1.7~1.8 倍大小（轻触面团，面团能有轻微回弹即表示发酵完成），用喷壶在发酵好的面团表面，轻喷一层水雾。

3. 将酥波萝均匀地撒在面团上。

4. 以上火 210℃，下火 190℃预热烤箱，将装饰好的面团放入烤箱，烘烤约 14 分钟。待面包烘烤完成后，随即移至网架上冷却。

元气南瓜　　/ 3 个

制作流程

制作流程：

面团搅拌—基础发酵—分割—预整形—松弛—整形—最后发酵—装饰—烘烤

面团搅拌时间：低速 4 分钟—高速 8 分钟—低速 3 分钟

面团出缸温度：25~26℃

基础发酵：温度 28℃，湿度 75%，40 分钟

面团分割重量：250 克 / 个

松弛时间：15 分钟

整形形状：长棍形

最后发酵：温度 30℃，湿度 78%，45 分钟

装饰方法：撒粉

烘烤：上火 210℃，下火 190℃，14 分钟

材料准备

面团材料准备：

A. 高筋粉 346 克、砂糖 19.8 克、盐 5 克、酵母 3.3 克、熟南瓜泥 99 克（南瓜去皮去瓤，切块，平铺在烤盘上，以上火 200℃，下火 200℃，烤 20~25 分钟，压成泥状）、水 99 克、牛奶 66 克

B. 葡萄酵母酵种 99 克

C. 黄油 19.8 克

馅料材料准备：

熟南瓜泥 250 克、砂糖 20 克、蛋黄 13.5 克、奶油 12.5 克、奶油奶酪 20 克

步骤 Steps

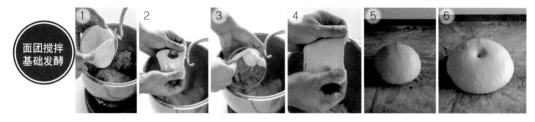

面团搅拌
基础发酵

1. 将所有 A 材料放入搅拌缸中，开始以低速搅拌均匀。加入 B 材料，继续以低速搅拌约 4 分钟后，转为高速再搅拌约 8 分钟。

2. 取少许面团拉开，至面团有薄膜且破洞处呈锯齿状（扩展状态）。

3. 加入 C 材料，以低速搅拌约 3 分钟。

4. 取少许面团拉开，至面团有薄膜且破洞处呈圆滑状（完全状态）。

5. 将面团从搅拌缸中取出，此时，面团中心温度为 25~26℃。将面团放入设定温度 28℃、湿度 75% 的发酵箱中，进行基础发酵约 40 分钟。

6. 基础发酵完成的面团，为发酵前面团的 2 倍大小（用食指沾干粉在面团中间戳洞，洞口不回缩也不塌陷）。

分　割
预整形

1. 将面团分割成 250 克的等量面团。

2. 分割好的面团正面向上，手掌成弧形，将面团拍平至 2/3 气体排出。

3. 将面团翻面，双手将拍平的面团顺着靠近身体一侧推起。

4. 边推边收，至表面绷紧，预整形完成。

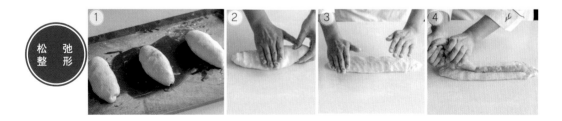

松　弛
整　形

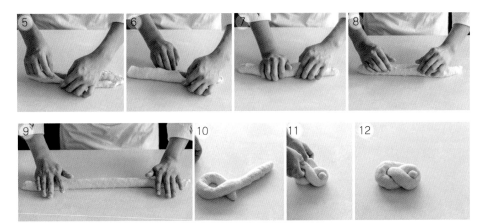

1. 将预整形好的面团放置在温度 28℃、湿度 75% 的环境下松弛约 15 分钟。

2~3. 取出松弛好的面团，光滑面朝上，用手轻拍成扁长条状。

4. 将拍平的面团翻面，光滑面朝下，在面团 1/3 位置挤一条南瓜馅。

5~8. 左手从右至左拉起面团，将南瓜馅包入面团中，同时用右手手掌将收口压实并捏紧收口。

9~10. 双手将面团搓长至 56 厘米。

11~12. 收口朝下，将面团打 "8" 字结。

内馅制作：在烤熟南瓜泥中加入砂糖、蛋黄、奶油、奶油奶酪（室温软化），拌匀成顺滑状。
倒入烤盘，铺平，以上火 170℃，下火 170℃，烤 30~40 分钟，至有一定的黏稠度，晾凉，
装入裱花袋中。

最后发酵 装饰 烘焙

1. 将整形好的面团放在温度 30℃、湿度 78% 的环境下最后发酵约 45 分钟。

2. 最后发酵完成的面团，为发酵前的 1.7~1.8 倍大小（轻触面团，有轻微回弹即发酵完成）。

3~4. 撒粉模具放置好，将高筋粉均匀撒在面团上。

5. 以上火 210℃，下火 190℃ 预热烤箱，将装饰好的面团放入烤箱，烘烤约 14 分钟。待
面包烘烤完成后，随即移至网架上冷却。

香芋之恋

4 个

制作流程

制作流程：

面团搅拌—基础发酵—分割—预整形—松弛—整形—最后发酵—装饰—烘烤

面团搅拌时间：低速 4 分钟—高速 10 分钟—低速 3 分钟

面团出缸温度：25~26℃

基础发酵：温度 28℃，湿度 75%，50 分钟

面团分割重量：250 克 / 个

松弛时间：20 分钟

整形形状：长棍形

最后发酵：温度 30℃，湿度 78%，50 分钟

装饰方法：挤墨西哥酱，撒粉

烘烤：上火 210℃，下火 190℃，14 分钟

材料准备

面团材料准备：

A. 高筋粉 500 克、砂糖 35 克、盐 7.5 克、奶粉 15 克、酵母 5 克、蜂蜜 25 克、牛奶 50 克、水 285 克

B. 酸奶酵种 75 克

C. 黄油 25 克

馅料材料准备：

芋泥 250 克、砂糖 50 克、淡奶油 12.5 克、黄油 17.5 克

表面装饰材料准备：

黄油 50 克、糖粉 40 克、蛋黄 50 克、低筋粉 40 克

步骤 Steps

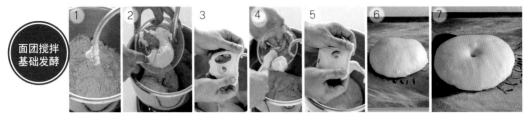

面团搅拌基础发酵

1. 将所有 A 材料放入搅拌缸中，开始以低速搅拌均匀。

2. 加入 B 材料，继续以低速搅拌约 4 分钟后，转为高速再搅拌约 10 分钟。

3. 取少许面团拉开，至面团有薄膜且破洞处呈锯齿状（扩展状态）。

4. 加入 C 材料，以低速搅拌约 3 分钟。

5. 取少许面团拉开，至面团有薄膜且破洞处呈圆滑状（完全状态）。

6. 将面团从搅拌缸中取出，此时，面团中心温度为 25~26℃。将面团放入设定温度 28℃、湿度 75% 的发酵箱中，进行基础发酵约 50 分钟。

7. 基础发酵完成的面团，为发酵前面团的 2 倍大小（用食指沾干粉在面团中间戳洞，洞口不回缩也不塌陷）。

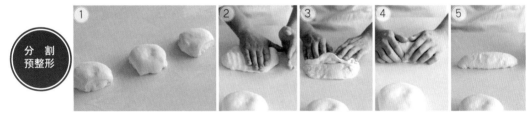

分割预整形

1. 将面团分割成 250 克的等量面团。

2. 分割好的面团正面向上，手掌成弧形，将面团拍平至 2/3 气体排出。

3. 将面团翻面，双手将拍平面团顺着靠近身体一侧推起。

4~5. 边推边收，至面团表面绷紧，预整形完成。

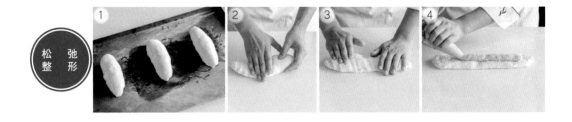

松弛整形

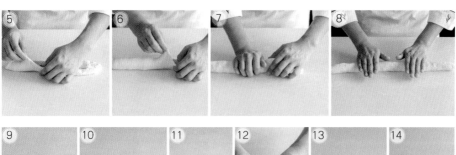

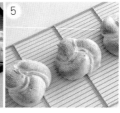

1. 将预整形好的面团放置在温度 28℃、湿度 75% 的环境下松弛约 20 分钟。

2~3. 取出松弛好的面团，光滑面朝上，用手轻拍成扁长条状。

4. 将拍平的面团翻面，光滑面朝下，在面团 1/3 位置挤一条芋泥馅。

5~7. 左手从右至左拉起面团，将芋泥馅包入面团中，同时用右手手掌将收口压紧。

8. 双手将面团搓长至 45 厘米。

9~10. 收口朝下，将面团打一单结。

11~14. 调整单结一端方向，至三个花瓣距离均等，翻转面团，将单结两端捏紧，翻面，
整形完成。

内馅制作：蒸熟的芋头丁，压成泥状，加入砂糖、淡奶油、黄油（室温软化后），拌匀
后装入裱花袋中。

墨西哥酱制作：黄油室温软化，加入糖粉，搅拌均匀。加入室温下的蛋黄，搅拌均匀。
加入低筋粉，搅拌均匀，制作完成的墨西哥酱，装入裱花袋中。

最后发酵 装饰 烘烤

1. 将整形好的面团放置在温度 30℃、湿度 78% 的环境下最后发酵约 50 分钟。最后发
酵完成的面团，为发酵前的 1.7~1.8 倍大小（轻触面团，能有轻微回弹即表示发酵完成）。

2~4. 将墨西哥酱挤在三个花瓣纹路处，使用网筛，将高筋粉均匀撒在面团上。

5. 以上火 210℃，下火 190℃ 预热烤箱，将装饰好的面团放入烤箱，烘烤约 14 分钟。待
面包烘烤完成后，随即移至网架上冷却。

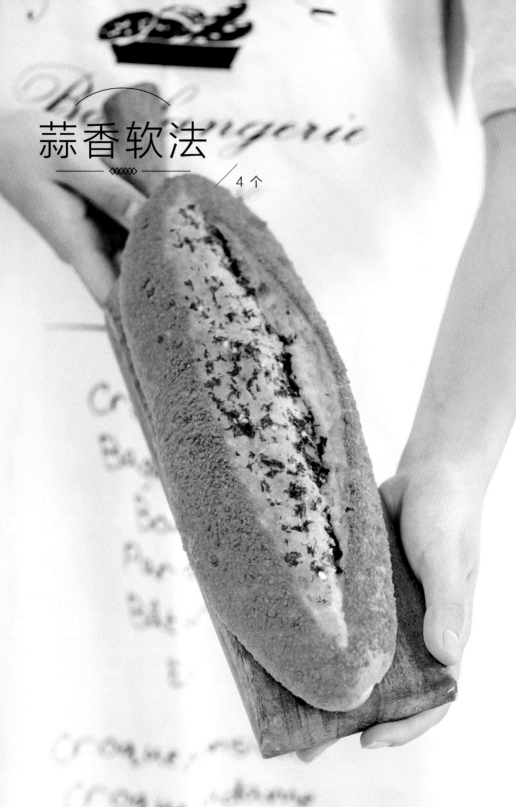

蒜香软法

4 个

制作流程

制作流程：
面团搅拌—基础发酵—分割—预整形—松弛—整形—最后发酵—装饰—烘烤

面团搅拌时间：低速 4 分钟—高速 10 分钟—低速 3 分钟

面团出缸温度：25~26℃

基础发酵：温度 28℃，湿度 75%，50 分钟

面团分割重量：200 克 / 个

松弛时间：20 分钟

整形形状：长棍形

装饰方法：刷蛋液，沾帕玛森芝士粉

最后发酵：温度 30℃，湿度 78%，50 分钟

烘烤：上火 210℃，下火 190℃，13 分钟

材料准备

面团材料准备：

A. 高筋粉 400 克、砂糖 24 克、芝士
   粉 20 克、酵母 7.2 克、盐 8 克、水
   220 克、牛奶 40 克、鸡蛋 20 克
B. 法式老面 80 克
C. 黄油 20 克

表面装饰材料准备：

黄油 60 克、盐 1.2 克、蒜泥 8.4 克、鲜
法香 18 克

步骤 Steps

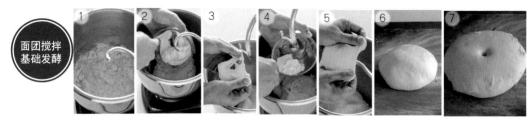

面团搅拌基础发酵

1. 将所有 A 材料放入搅拌缸中，开始以低速搅拌均匀。

2. 加入 B 材料，继续以低速搅拌约 4 分钟后，转为高速再搅拌约 10 分钟。

3. 取少许面团拉开，至面团有薄膜且破洞处呈锯齿状（扩展状态）。

4. 加入 C 材料，以低速搅拌约 3 分钟。

5. 取少许面团拉开，至面团有薄膜且破洞处呈圆滑状（完全状态）。

6. 将面团从搅拌缸中取出，此时，面团中心温度为 25~26℃。将面团放入设定温度 28℃、湿度 75% 的发酵箱中，进行基础发酵约 50 分钟。

7. 基础发酵完成的面团，为发酵前面团的 2 倍大小（用食指沾干粉在面团中间戳洞，洞口不回缩也不塌陷）。

分割预整形

1. 将面团分割成 200 克的等量面团。

2. 分割好的面团正面向上，手掌成弧形，将面团拍平至 2/3 气体排出。

3. 将面团翻面，双手将拍平的面团顺着靠近身体一侧推起。

4. 边推边收，至面团表面绷紧，预整形完成。

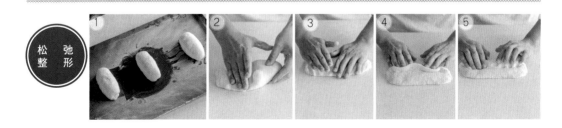

松弛整形

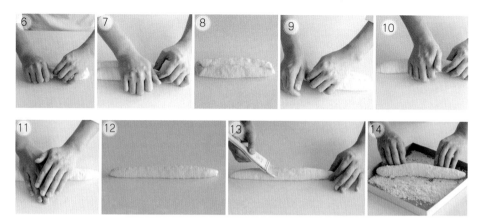

1. 将预整形好的面团放置在温度 28℃、湿度 75% 的环境下松弛约 20 分钟。

2. 取出松弛好的面团，光滑面朝上，用手轻拍成宽 12 厘米扁长条状。

3. 拍平的面团翻面，光滑面朝下，下边 1/3 向上叠起，压紧。

4~5. 上边 1/3 向下叠起，压紧。

6~8. 从右至左，用右手手掌将上下两边压紧。

9~12. 双手将面团搓长至 28 厘米，完成整形。

13. 用刷子将蛋液均匀地刷在完成整形的面团上。

14. 托起面团，倒扣在帕玛森芝士盘中，双手抓住底部收口，来回滚动，使芝士粉均匀地沾在面团上，完成初步装饰。

表面装饰制作：鲜法香用料理机打碎。料理碗中依次加入软化的黄油、盐、蒜泥、鲜法香碎末，拌匀，装入裱花袋。

最后发酵
装　饰
烘　烤

1. 将初步装饰好的面团放置在温度 30℃、湿度 78% 的环境下最后发酵约 50 分钟。

2~4. 最后发酵完成的面团，为发酵前面团的 1.7~1.8 倍大小（轻触面团，面团能有轻微回弹即发酵完成）。用割包刀在面团上割 1 个刀口，在割口处挤入一条黄油，以上火 210℃，下火 190℃ 预热烤箱，将装饰好的面团放入烤箱，烘烤约 13 分钟。

5~7. 面包出炉后，随即移至网架上冷却，在割口挤入一条蒜香酱，用馅料匙趁热抹匀，晾凉。

娜只斗牛

3 个

制作流程

制作流程：

面团搅拌—基础发酵—分割—预整形—松弛—整形—最后发酵—装饰—烘烤

面团搅拌时间：低速 4 分钟—高速 12 分钟—低速 2 分钟—低速 1 分钟

面团出缸温度：25~26℃

基础发酵：温度 28℃，湿度 75%，50 分钟

面团分割重量：250 克 / 个

松弛时间：20 分钟

整形形状：长棍形

最后发酵：温度 30℃，湿度 78%，50 分钟

装饰方法：擦酥丝，撒粉

烘烤：上火 210℃，下火 190℃，13 分钟

材料准备

面团材料准备：

A. 高筋粉 304 克、深黑可可粉 12.8 克、砂糖 30.4 克、鲜酵母 8 克、盐 4 克、水 200 克、巧克力酱 32 克

B. 葡萄酵母酵种 40 克、法式老面 40 克

C. 黄油 16 克

D. 耐烤巧克力豆 24 克、酒渍橙皮丁 48 克

馅料材料准备：

奶油奶酪 200 克、砂糖 20 克、耐烤巧克力豆 80 克

表面装饰材料准备：

黄油 36 克、糖粉 24 克、低筋粉 56 克、深黑可可粉 3.6 克

步骤 Steps

面团搅拌基础发酵

1. 将所有 A 材料放入搅拌缸中，开始以低速搅拌均匀。

2. 加入 B 材料，继续以低速搅拌约 4 分钟后，转为高速再搅拌约 12 分钟。

3. 取少许面团拉开，至面团有薄膜且破洞处呈锯齿状（扩展状态）。

4. 加入 C 材料，以低速搅拌约 2 分钟。

5. 取少许面团拉开，至面团有薄膜且破洞处呈圆滑状（完全状态）。

6~7. 加入 D 材料，以低速搅拌约 1 分钟至均匀。

8. 将面团从搅拌缸中取出，此时，面团中心温度为 25~26℃。将面团放入设定温度 28℃、湿度 75% 的发酵箱中，进行基础发酵约 50 分钟。

9. 基础发酵完成的面团，为发酵前面团的 2 倍大小（用食指沾干粉在面团中间戳洞，洞口不回缩也不塌陷）。

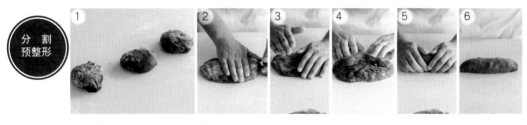

分割预整形

1. 将面团分割成 250 克的等量面团。

2~3. 分割好的面团光滑面向上，手掌成弧形，将面团拍平至 2/3 气体排出。

4. 将面团翻面，双手将拍平的面团顺着靠近身体一侧推起。

5~6. 边推边收，至面团表面绷紧，预整形完成。

松弛整形

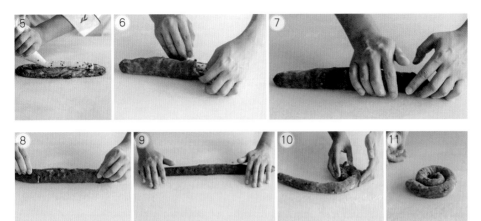

1. 将预整形好的面团放置在温度 28℃、湿度 75% 的环境下松弛约 20 分钟。

2~4. 取松弛好的面团，光滑面朝上，用手轻拍成扁长条状。

5. 将拍平的面团翻面，光滑面朝下，在面团 1/3 位置挤一条巧克力豆奶酪馅。

6~8. 左手从右至左拉起面团,将巧克力豆奶酪馅包入面团中,同时用右手手掌将收口压实，
捏紧收口。

9. 双手将面团搓长至 54 厘米。

10~11. 将接口朝下，从一端轻轻盘起（注意不要盘得太紧），整形完成。

内馅制作：奶油奶酪软化,加入砂糖拌成顺滑状,加入耐烤巧克力豆,拌匀,装入裱花袋中。

表面装饰制作：黄油室温软化,加入糖粉,搅拌均匀。加入低筋粉、深黑可可粉,拌匀
成酥块,入冰箱冻硬备用。

最后发酵
装　饰
烘　烤

1. 将整形好的面团放置在温度 30℃、湿度 78% 的环境下最后发酵约 50 分钟。最后发
酵完成的面团,为发酵前的1.7~1.8倍大小(轻触面团,能有轻微回弹即表示发酵完成)。

2. 用喷壶在面团上喷一层水雾。

3~4. 用擦丝器将酥块擦成酥丝,均匀地洒在每个面团上,使用网筛将高筋粉均匀地撒在面团上。

5. 以上火 210℃，下火 190℃预热烤箱，将装饰好的面团放入烤箱，烘烤约 13 分钟。

雷 神

3 个

雷神

制作流程

制作流程：
面团搅拌—基础发酵—分割—预整形—松弛—整形—最后发酵—装饰—烘烤

面团搅拌时间：低速 4 分钟—高速 10 分钟—低速 2 分钟—低速 1 分钟

面团出缸温度：25~26℃

基础发酵：温度 28℃，湿度 75%，50 分钟

面团分割重量：200 克 / 个

松弛时间：20 分钟

整形形状：圆形

最后发酵：温度 30℃，湿度 78%，50 分钟

装饰方法：挤墨西哥酱，撒酥菠萝

烘烤：上火 220℃，下火 190℃，15 分钟

材料准备

面团材料准备：

A. 高筋粉 240 克、糖粉 22 克、盐 3.2 克、酵母 2.4 克、深黑可可粉 5 克、水 40 克、牛奶 120 克、蜂蜜 6 克

B. 葡萄酵母酵种 60 克、烫种 20 克

C. 黄油 12 克

D. 核桃 40 克、耐烤巧克力豆 40 克

内馅材料准备：

奶油奶酪 100 克、糖粉 12 克、白朗姆酒 2 克、黄油 20 克、耐烤巧克力豆 40 克、熟板栗仁适量

可可墨西哥酱材料准备：

黄油 25 克、糖粉 25 克、鸡蛋 25 克、低筋粉 24 克、深黑可可粉 1.2 克

可可酥菠萝材料准备：

黄油 30 克、砂糖 40 克、低筋粉 50 克、可可粉 10 克

步骤 Steps

面团搅拌 基础发酵

1. 将所有 A 材料放入搅拌缸中，开始以低速搅拌均匀。

2~3. 加入 B 材料，继续以低速搅拌约 4 分钟后，转为高速再搅拌 10 分钟。

4. 取少许面团拉开，至面团有薄膜且破洞处呈锯齿状（扩展状态）。

5. 加入 C 材料，以低速搅拌约 2 分钟。

6. 取少许面团拉开，至面团有薄膜且破洞处呈圆滑状（完全状态）。

7~8. 加入 D 材料，以低速搅拌约 1 分钟至均匀。

9. 将面团从搅拌缸中取出，此时，面团中心温度为 25~26℃。将面团放入设定温度 28℃、湿度 75% 的发酵箱中，进行基础发酵约 50 分钟。

10. 基础发酵完成的面团，为发酵前面团的 2 倍大小（用食指沾干粉在面团中间戳洞，洞口不回缩也不塌陷）。

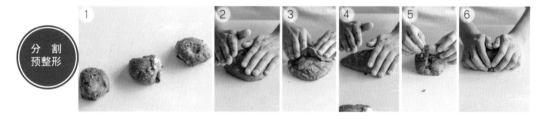

分 割 预整形

1. 将面团分割成 200 克的等量面团。

2. 分割好的面团正面向上，手掌成弧形，将面团拍平至 2/3 气体排出。

3~4. 将面团翻面，双手将拍平的面团顺着靠近身体一侧推卷起，轻拍。

5. 面团旋转 90°，顺着靠近身体一侧再次推卷起。

6. 推卷起的面团收至表面绷紧，预整形完成。

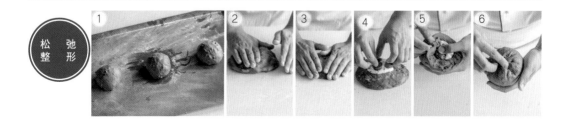

松 弛 整 形

1. 将预整形好的面团放置在温度 28℃、湿度 75% 的环境下松弛约 20 分钟。

2~3. 取松弛好的面团，光滑面朝上，用双手将面团拍成中间稍厚，边缘稍薄的面皮。

4. 将面皮翻面，光滑面朝下，中间挤入 50 克巧克力奶酪馅，放 3 颗板栗仁。

5~6. 将面皮从四周收起，捏紧收口。

内馅制作：奶油奶酪室温软化，加入糖粉搅拌均匀。加入白朗姆酒、软化的黄油、耐烤巧克力豆搅拌均匀，装入裱花袋中。

可可墨西哥酱制作：黄油室温软化，加入砂糖搅拌均匀。加入室温下的蛋黄，搅拌均匀。加入低筋粉、深黑可可粉搅拌均匀，制作完成的可可墨西哥酱装入裱花袋中。

可可酥菠萝制作：黄油室温软化，加入砂糖搅拌均匀。依次加入低筋粉、可可粉，用手抓搓成颗粒状酥粒。

最后发酵
装　饰
烘　烤

1. 将整形好的面团放置在温度 30℃、湿度 78% 的环境下，最后发酵约 50 分钟。

2~3. 在完成最后发酵的面团上，从中心点以 2 厘米间距螺旋挤可可墨西哥酱，撒可可酥菠萝。

4~5. 以上火 220℃，下火 190℃预热烤箱，将完成最后发酵的面团放入烤箱，烘烤约 15 分钟。待面包烘烤完成后，随即移至网架上冷却。

黑爵莓果

/ 2 个

制作流程

制作流程：

面团搅拌—基础发酵—分割—预整形—松弛—整形—最后发酵—装饰—烘烤

面团搅拌时间：低速 4 分钟—高速 12 分钟

面团出缸温度：25~26℃

基础发酵：温度 28℃，湿度 75%，50 分钟

面团分割重量：外皮面团 80 克／个，内面团 180 克／个

松弛时间：20 分钟

整形形状：圆形裹皮

最后发酵：温度 30℃，湿度 78%，50 分钟

装饰方法：撒粉

烘烤温度时间：上火 210℃，下火 190℃，14 分钟

材料准备

面团材料准备：

A. 高筋粉 225 克、砂糖 40 克、盐 3 克、鲜酵母 6 克、牛奶 37.5 克、水 110 克、可可油 30 克（黄油熔化，加入可可粉、深黑可可粉，小火一边加热，一边搅拌至微沸，离火凉至室温备用）

B. 葡萄酵母酵种 50 克、烫种 37.5 克

可可油材料准备：

黄油 15 克、可可粉 10 克、深黑可可粉 5 克

内馅材料准备：

奶油奶酪 60 克、砂糖 8 克、酒渍蓝莓干 30 克、酒渍蔓越莓干 30 克

步骤 Steps

面团搅拌
基础发酵

1. 将所有 A 材料放入搅拌缸中，开始以低速搅拌均匀。

2~3. 加入 B 材料，继续以低速搅拌约 4 分钟后，转为高速再搅拌约 12 分钟。

4. 取少许面团拉开，至面团有薄膜且破洞处呈圆滑状（完全状态）。

5. 将面团从搅拌缸中取出，此时，面团中心温度为 25~26℃。

6. 将面团放入设定温度 28℃、湿度 75% 的发酵箱中，进行基础发酵约 50 分钟。基础
   发酵完成的面团，为发酵前面团的 2 倍大小（用食指沾干粉在面团中间戳洞，洞口不
   回缩也不塌陷）。

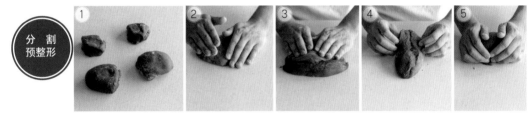

分　割
预整形

1. 将基础发酵好的面团，分割出 80 克 / 个的外皮面团，180 克 / 个的内面团。

2. 分割好的外皮面团和内面团，光滑面向上，手掌成弧形，将面团拍平至 2/3 气体排出。

3. 将面团翻面，双手将拍平的面团顺着靠近身体一侧推卷起。

4. 面团旋转 90°，顺着靠近身体一侧再次推卷起。

5. 推卷起的面团收至表面绷紧，预整形完成。

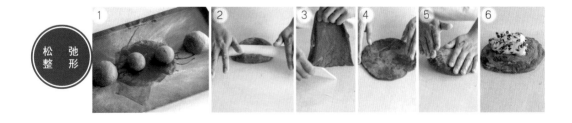

松　弛
整　形

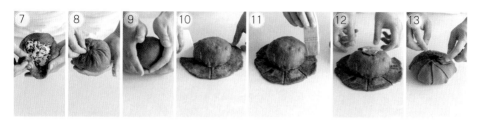

1. 将预整形好的面团放置在温度 28℃、湿度 75% 的环境下松弛约 20 分钟。

2~4. 取松弛好的外皮面团光滑面向上压扁，用擀面杖擀成 3~4 毫米厚的圆形面皮，翻面。

5. 取松弛好的内面团，用双手拍成中间厚、边缘薄的面皮。

6~9. 用馅料匙在内面团上放入馅料，捏好收口，收圆。

10. 将包馅收圆好的内面团，光滑面朝上，放在外皮面团上，用刮板在外皮面团的四周均匀切 8 刀成 "米" 字形。

11. 在外皮面团边缘刷 "L" 形黄油。

12~13. 将切开的外皮面团，依次拉起，以压叠的方式放在内面团中心，完成整形。

内馅制作：奶油奶酪室温软化，加入砂糖、酒渍蓝莓干、酒渍蔓越莓干拌匀。

最后发酵
装 饰
烘 烤

1. 将完成整形的面团放置在温度 30℃、湿度 78% 的环境下最后发酵约 50 分钟。最后发酵完成的面团，为发酵前面团的 1.7~1.8 倍大小（轻触面团，面团能有轻微回弹即表示发酵完成）。

2~3. 使用网筛，将高筋粉均匀撒在面团上。以上火 210℃，下火 190℃ 预热烤箱，将完成最后发酵的面团放入烤箱，烘烤约 14 分钟。

黑糖麻薯

/ 5 个

制作流程

制作流程：
面团搅拌—基础发酵—分割—预整形—松弛—整形—装饰—最后发酵—烘烤

面团搅拌时间：低速 4 分钟—高速 10 分钟—低速 3 分钟—低速 1 分钟
面团出缸温度：25~26℃
基础发酵：温度 28℃，湿度 75%，60 分钟
面团分割重量：240 克 / 个
松弛时间：25 分钟
整形形状：心形
最后发酵：温度 30℃，湿度 78%，50 分钟
装饰方法：沾葵花子仁
烘烤：上火 210℃，下火 190℃，14 分钟

材料准备

面团材料准备：

A.高筋粉 500 克、熟胚芽粉
　50 克、酵母 7.5 克、黑糖
　25 克、盐 10 克、黑糖浆 50
　克（水 50 克、黑糖 25 克、麦
　芽精 2.5 克。煮沸后，转小
　火煮至浓稠状晾凉）、水
　290 克、麦芽精 2.5 克
B. 法式老面 150 克
C. 黄油 30 克
D. 酒渍提子干 75 克、核桃碎
　末 40 克

馅料材料准备：

牛奶 200 克、黄油 36 克、黑糖
60 克、麻薯粉 120 克

装饰材料准备：

葵花子仁若干

步骤 Steps

面团搅拌
基础发酵

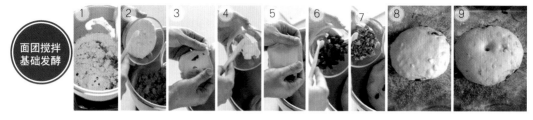

1. 将所有 A 材料放入搅拌缸中，开始以低速搅拌均匀。

2. 加入 B 材料，继续以低速搅拌约 4 分钟后，转为高速再搅拌约 10 分钟。

3. 取少许面团拉开，至面团有薄膜且破洞处呈锯齿状（扩展状态）。

4. 加入 C 材料，以低速搅拌约 3 分钟。

5. 取少许面团拉开，至面团有薄膜且破洞处呈圆滑状（完全状态）。

6~7. 加入 D 材料，以低速搅拌约 1 分钟至均匀。

8. 将面团从搅拌缸中取出，此时，面团中心温度为 25~26℃。将面团放入设定温度 28℃、湿度 75% 的发酵箱中，进行基础发酵约 60 分钟。

9. 基础发酵完成的面团，为发酵前面团的 2 倍大小（用食指沾干粉在面团中间戳洞，洞口不回缩也不塌陷）。

分　割
预整形

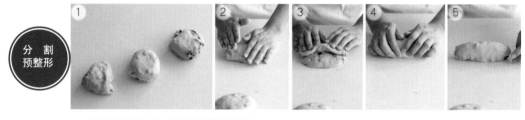

1. 将面团分割成 240 克的等量面团。

2. 分割好的面团正面向上，手掌成弧形，将面团拍平至 2/3 气体排出。

3. 将面团翻面，双手将拍平的面团顺着靠近身体一侧推起。

4~5. 边推边收，至面团表面绷紧，预整形完成。

松　弛
整　形

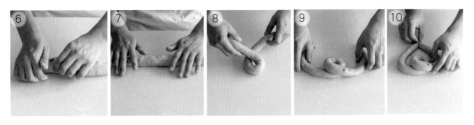

1. 将预整形好的面团放置在温度 28℃、湿度 75% 的环境下松弛约 25 分钟。

2. 取出松弛好的面团，光滑面朝上，用手轻拍成扁长条状，翻面。

3~4. 将黑糖麻薯切成条状，放置在拍平的面团上。

5~6. 左手从右至左拉起面团，将麻薯馅包入面团中，同时用右手手掌将收口压紧。

7. 双手将面团搓长至 60 厘米。

8~10. 将面团打"心"形结，整形完成。

内馅制作：牛奶、黄油、黑糖放入锅中，加热煮沸后转小火，一边加入麻薯粉，一边搅拌至均匀后离火晾凉。

装饰
最后发酵
烘烤

1. 在整形完成的面团上刷一层水，倒扣在葵花子仁盘中，完成装饰。

2~4. 将装饰好的面团放置在温度 30℃、湿度 78% 的环境下最后发酵约 50 分钟。最后发酵完成的面团，为发酵前面团的 1.7~1.8 倍大小（轻触面团，面团能有轻微回弹即表示发酵完成）。

5. 以上火 210℃，下火 190℃预热烤箱，将装饰好的面团放入烤箱，烘烤约 14 分钟。待面包烘烤完成后，随即移至网架上冷却。

可可蕉蕉

5 个

制作流程

制作流程：

面团搅拌—基础发酵—分割—预整形—松弛—整形—最后发酵—装饰—烘烤

面团搅拌时间：低速 4 分钟—高速 12 分钟—低速 3 分钟—低速 1 分钟

面团出缸温度：25~26℃

基础发酵：温度 28℃，湿度 75%，50 分钟

面团分割重量：220 克 / 个

松弛时间：20 分钟

整形形状：马蹄形

最后发酵：温度 30℃，湿度 78%，50 分钟

装饰方法：抹花生墨西哥酱

烘烤：上火 220℃，下火 180℃，16 分钟

材料准备

面团材料准备：

A. 高筋粉 500 克、可可粉 25 克、竹炭粉 0.5 克、砂糖 30 克、盐 7.5 克、酵母 6 克、水 360 克

B. 法式老面 100 克

C. 黄油 20 克

D. 耐烤巧克力豆 60 克

内馅材料准备：

黄油 60 克、砂糖 60 克、鸡蛋 45 克、烤熟杏仁粉 40 克、低筋粉 22.5 克、香蕉干 30 克

花生墨西哥酱材料准备：

黄油 100 克、糖粉 80 克、蛋黄 100 克、低筋粉 80 克、熟花生碎 32 克

步骤 Steps

面团搅拌
基础发酵

1. 将所有 A 材料放入搅拌缸中，开始以低速搅拌均匀。

2. 加入 B 材料，继续以低速搅拌约 4 分钟后，转为高速再搅拌约 12 分钟。

3. 取少许面团拉开，至面团有薄膜且破洞处呈锯齿状（扩展状态）。

4. 加入 C 材料，以低速搅拌约 3 分钟。

5. 取少许面团拉开，至面团有薄膜且破洞处呈圆滑状（完全状态）。

6. 加入 D 材料，以低速搅拌约 1 分钟至均匀。

7. 将面团从搅拌缸中取出，此时，面团中心温度为 25~26℃。将面团放入设定温度 28℃、湿度 75% 的发酵箱中，进行基础发酵约 50 分钟。

8. 基础发酵完成的面团，为发酵前面团的 2 倍大小（用食指沾干粉在面团中间戳洞，洞口不回缩也不塌陷）。

分　割
预整形

1. 将面团分割成 220 克的等量面团。

2. 分割好的面团正面向上，手掌成弧形，将面团拍平至 2/3 气体排出。

3. 将面团翻面，双手将拍平的面团顺着靠近身体一侧推起。

4~5. 边推边收，至面团表面绷紧，预整形完成。

松　弛
整　形

1. 将预整形好的面团放置在温度 28℃、湿度 75% 的环境下松弛约 20 分钟。

2. 取出松弛好的面团，光滑面朝上，用手轻拍成扁长条状。

3. 将拍平的面团翻面，光滑面朝下，在面团 1/3 位置挤一条内馅。

4~6. 左手从右至左拉起面团，将内馅包入面团中，同时用右手手掌将收口压实，捏紧收口。

7~8. 双手将面团搓长至 38 厘米，弯成马蹄形，整形完成。

内馅制作：香蕉干捣碎。黄油室温软化后，依次加入砂糖、鸡蛋拌匀，再加入烤熟杏仁粉、低筋粉、香蕉干碎拌匀，装入裱花袋。

花生墨西哥酱制作：黄油室温软化，加入糖粉，搅拌均匀。加入室温下的蛋黄，搅拌均匀。加入低筋粉，搅拌均匀，加入熟花生碎，拌匀，装入裱花袋。

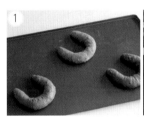  

装饰
最后发酵
烘烤

1. 将整形好的面团放置在温度 30℃、湿度 78% 的环境下最后发酵约 50 分钟。最后发酵完成的面团，为发酵前面团的 1.7~1.8 倍大小（轻触面团，面团能有轻微回弹即发酵完成）。

2~4. 将花生墨西哥酱挤在发酵好的面团上，用馅料匙抹均匀。

5. 以上火 220℃，下火 180℃预热烤箱，将装饰好的面团放入烤箱，烘烤约 16 分钟。

酒酿紫薯

3 个

制作流程

制作流程：

面团搅拌—基础发酵—分割—预整形—松弛—整形—最后发酵—装饰—烘烤

面团搅拌时间：低速 4 分钟—高速 12 分钟—低速 1 分钟

面团出缸温度：25~26℃

基础发酵：温度 28℃，湿度 75%，50 分钟

面团分割重量：外皮面团 100 克 / 个，内面团 240 克 / 个

松弛时间：20 分钟

整形形状：橄榄形裹皮

最后发酵：温度 30℃，湿度 78%，50 分钟

装饰方法：撒粉，割包

烘烤：上火 230℃，下火 200℃，20 分钟

材料准备

面团材料准备：

A. 高筋粉 450 克、盐 10 克、鲜酵母 15 克、
   水 125 克、红酒 100 克、紫薯泥 125 克、
   奶油 50 克

B. 葡萄酵母酵种 100 克

C. 酒渍蔓越莓干 100 克

内馅材料准备：

奶油奶酪 150 克、砂糖 20 克、紫薯丁
适量

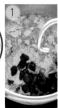

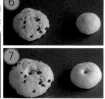

面团搅拌 基础发酵

1. 将所有 A 材料放入搅拌缸中，开始以低速搅拌均匀。

2. 加入 B 材料，继续以低速搅拌约 4 分钟后，转为高速再搅拌约 12 分钟。

3. 取少许面团拉开，至面团有薄膜且破洞处呈圆滑状（完全状态）。

4. 称量分出外皮面团。

5. 将酒渍蔓越莓干加入内面团中，低速搅拌约 1 分钟至均匀。

6. 面团从搅拌缸中取出，中心温度为 25~26℃。将两个面团放入设定温度 28℃、湿度 75% 的发酵箱中，进行基础发酵约 50 分钟。

7. 基础发酵完成的面团，为发酵前面团的 2 倍大小（用食指沾干粉在面团中间戳洞，洞口不回缩也不塌陷）。

分 割 预整形

1. 将基础发酵好的面团，分割出 100 克 / 个的外皮面团，240 克 / 个的内面团。

2. 分割好内面团，光滑面向上，手掌成弧形，将面团拍平至 2/3 气体排出。

3. 将面团翻面，双手将拍平的面团顺着靠近身体一侧推卷起。

4. 面团旋转 90°，顺着靠近身体一侧再次推卷起。

5. 推卷起的面团收至表面绷紧，内面团预整形完成。

6. 将外皮面团单手滚圆。

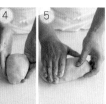

松 弛 整 形

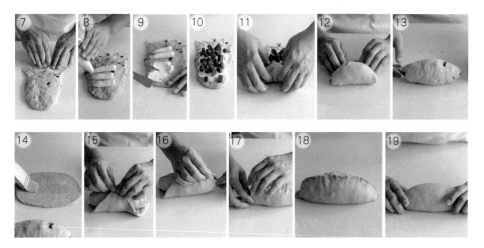

1. 将预整形好的内面团和外皮面团放置在温度 28℃、湿度 75% 的环境下松弛约 20 分钟。

2~3. 取松弛好的外皮面团，光滑面向上压扁，用擀面杖擀成 3~4 毫米厚的圆形面皮，翻面。

4. 取松弛好的内面团，用双手从侧面将面团收成胖橄榄形。

5~6. 面团旋转 90°，用手掌从一端至另一端，压扁成宽 13 厘米的长条状。

7. 翻面，旋转 90°，处理好收口。

8~10. 在面皮上挤奶酪馅，用馅料匙抹匀后，铺一层紫薯丁。

11~13. 双手将铺好馅料的面皮卷起，靠近收口处，双手向里收，压紧收口。

14. 在外皮面团中间用刷子抹一层熔化的黄油。

15~19. 将整形好的内面团，正面朝下放置在外皮面团上，从左至右依次捏紧收口，完成整形。

内馅制作：奶油奶酪室温软化，加入砂糖拌匀，装入裱花袋中，紫薯切丁蒸熟。

最后发酵
装　饰
烘　烤

1. 将完成整形的面团放置在温度 30℃、湿度 78% 的环境下最后发酵约 50 分钟。最后
   发酵完成的面团，为发酵前面团的 1.7~1.8 倍大小（轻触面团，面团能有轻微回弹即
   表示发酵完成）。

2~4. 撒粉模具放置好，将高筋粉均匀撒在面团上，用割包刀划 "S" 形，将外层面皮割开，
   完成装饰。以上火 230℃，下火 200℃预热烤箱，将完成最后发酵的面团放入烤箱，
   烘烤约 20 分钟。

图书在版编目（CIP）数据

软欧面包轻松做 / 子石著 . -- 南京 ：江苏凤凰科
学技术出版社 ，2019.6
ISBN 978-7-5713-0149-1

Ⅰ . ①软… Ⅱ . ①子… Ⅲ . ①面包－制作 Ⅳ .
① TS213.21

中国版本图书馆 CIP 数据核字 (2019) 第 033016 号

软欧面包轻松做		
著　　　者	子　石	
项 目 策 划	高　红　苑　圆	
责 任 编 辑	刘屹立　赵　研	
特 约 编 辑	苑　圆	
出 版 发 行	江苏凤凰科学技术出版社	
出 版 社 地 址	南京市湖南路1号A楼，邮编：210009	
出 版 社 网 址	http：//www.pspress.cn	
总 经 销	天津凤凰空间文化传媒有限公司	
总 经 销 网 址	http：//www.ifengspace.cn	
印　　　刷	天津图文方嘉印刷有限公司	
开　　　本	710 毫米×1000 毫米　1 / 16	
印　　　张	7.5	
版　　　次	2019年6月第1版	
印　　　次	2020年6月第3次印刷	
标 准 书 号	ISBN 978-7-5713-0149-1	
定　　　价	49.80元	

图书如有印装质量问题，可随时向销售部调换（电话：022-87893668）。